AF511122

de Gruyter Lehrbuch

Elben · Entscheidungstabellentechnik

Entscheidungstabellentechnik

Logik, Methodik und Programmierung

von

Werner Elben

W DE G

Walter de Gruyter · Berlin · New York 1973

©

Copyright 1973 by Walter de Gruyter & Co., vormals G. J. Göschen'sche Verlagshandlung J. Guttentag, Verlagsbuchhandlung – Georg Reimer – Karl J. Trübner – Veit & Comp., Berlin 30 – Alle Rechte, insbesondere das Recht der Vervielfältigung und Verbreitung sowie der Übersetzung, vorbehalten. Kein Teil des Werkes darf in irgendeiner Form (durch Photokopie, Mikrofilm oder ein anderes Verfahren) ohne schriftliche Genehmigung des Verlages reproduziert oder unter Verwendung elektronischer Systeme verarbeitet, vervielfältigt oder verbreitet werden. – Satz: IBM Composer, Walter de Gruyter & Co. – Druck: Sala-Druck, Berlin – Printed in Germany

ISBN 3 11 004318 1

Library of Congress Catalog Card Number 73-80686

Vorwort

Entscheidungstabellen werden in zunehmendem Maße im kommerziellen Bereich und auf dem technisch-wissenschaftlichem Gebiet zur Problemlösung eingesetzt.

Das vorliegende Buch hat das Ziel, als Lehrbuch die Entscheidungstabellentechnik grundlegend darzustellen.

Im ersten Teil des Buches (Kapitel 1–5) werden die Entscheidungstabellen als eigenständiges und vom Computer unabhängiges Analyse-, Kontroll- und Dokumentationsinstrument für Problemabläufe beschrieben. Alle wesentlichen Bestandteile der Entscheidungstabellentechnik werden besprochen und an Anwendungsbeispielen erläutert, wobei der Leser zum Verständnis keine Vorkenntnisse der elektronischen Datenverarbeitung besitzen muß. Dem Anfänger, der noch keine Erfahrung mit Entscheidungstabellen hat, sei empfohlen, zunächst die Kapitel 1, 2 und 5 zu lesen. In Kapitel 3 wird das Problem der Abhängigkeit in Entscheidungstabellen näher untersucht, Kapitel 4 ist dem Ausbau der Entscheidungstabellentechnik vorbehalten.

Der zweite Teil (Kapitel 6–7) befaßt sich mit der Umwandlung von Entscheidungstabellen in Computerprogramme. Hier werden Grundkenntnisse in einer höheren Programmiersprache (COBOL, FORTRAN) vorausgesetzt.

Ich danke Frau Dipl. Math. E. Bittner und Herrn Dr. E. J. Rettel für Anregungen und Hinweise.

Frankfurt/Main, im Mai 1973 Werner Elben

Inhalt

Vorwort 5

1. Entscheidungstabellen 9
   1.1 Einführung 9
   1.2 Logische Operatoren 14
   1.3 Entscheidungsregel 17
   1.4 Aufbau und Formen von Entscheidungstabellen 20
      1.4.1 Zusammenfassung von Entscheidungsregeln zu einer Entscheidungstabelle 20
      1.4.2 Komplexe Regeln 22
      1.4.3 Die „links vor rechts"-Abarbeitungsvorschrift 23
      1.4.4 Allgemeine Form einer Entscheidungstabelle 24
      1.4.5 Verschiedene Formen von Entscheidungstabellen 25

2. Grundlagen der Entscheidungstabellentechnik 30
   2.1 Zwei Methoden zum Aufstellen einer Entscheidungstabelle 30
      2.1.1 Die möglichen Bedingungskombinationen 32
      2.1.2 Aufstellen einer begrenzten ET nach der 1. Methode 33
      2.1.3 Konsolidierung einer Entscheidungstabelle mit begrenztem Bedingungsanzeigeteil 34
      2.1.4 Vertauschbarkeit der Regeln 36
      2.1.5 Vereinfachung auf Grund abhängiger Bedingungen 38
      2.1.6 Vereinfachung mit Hilfe der „links vor rechts"-Abarbeitungsvorschrift 39
      2.1.7 Aufstellen einer gemischten Entscheidungstabelle nach der 1. Methode 43
      2.1.8 Aufstellen einer Entscheidungstabelle nach der 2. Methode . 44
   2.2 Vollständigkeit einer Entscheidungstabelle 46
   2.3 Die ELSE – Regel 50
   2.4 Verknüpfung von Entscheidungstabellen 51

3. Eindeutigkeit und Abhängigkeit in einer Entscheidungstabelle 53
   3.1 Eindeutigkeit in einer Entscheidungstabelle 53
   3.2 Abhängige Bedingungen und nicht eingebbare Bedingungskombinationen 60

4. Ausbau der Entscheidungstabellentechnik 69
   4.1 Disjunktion in einer Entscheidungsregel 69

4.2 Aufruf einer Folge von Aktionen ... 72
4.3 Aufruf einer geschlossenen Entscheidungstabelle ... 74
4.4 Interne Ansprünge. Ablauftabellen ... 76

5. Anwendungsmöglichkeiten der Entscheidungstabellentechnik ... 79
5.1 Anwendungsbeispiele ... 79
5.2 Standardisierte Dokumentation durch Entscheidungstabellen ... 88
5.3 Einsatzmöglichkeiten ... 89

6. Manuelle Übersetzung von Entscheidungstabellen in ein Computerprogramm ... 91
6.1 Übersetzung Regel für Regel ... 92
6.2 Entscheidungsbaum – Methode ... 94
6.3 Masken – Methode ... 106
6.3.1 Masken – Methode für begrenzte Bedingungsanzeigeteile ... 106
6.3.2 Masken – Methode für erweiterte und gemischte Bedingungsanzeigeteile ... 110
6.4 Veinott – Methode ... 112
6.4.1 Veinott – Methode für begrenzte Bedingungsanzeigeteile ... 112
6.4.2 Veinott – Methode für erweiterte und gemischte Bedingungsanzeigeteile ... 118

7. Automatische Umwandlung von Entscheidungstabellen ... 121
7.1 Der Umwandlungsvorgang ... 121
7.2 Precompiler-Methode ... 123
7.3 Die Programmiersprache „Entscheidungstabellen" ... 125

Begriffslexikon ... 130
Literaturverzeichnis ... 134
Register ... 138

1. Entscheidungstabellen

1.1 Einführung

Die Anwendung der elektronischen Datenverarbeitung nimmt auf allen Gebieten in Wirtschaft, Wissenschaft und Verwaltung ständig zu. Die zwischen Mensch und Computer bestehende Sprachschranke wurde durch die Einführung der höheren Programmiersprachen COBOL, FORTRAN, ALGOL und PL/I verkleinert. Dadurch wurde es immer größeren Anwenderkreisen ermöglicht, sich den Computer nutzbar zu machen, denn man war nicht mehr auf die etwas mühsam zu programmierenden Maschinensprachen angewiesen. Jedoch benötigte man auch für die Programmierung in einer höheren Programmiersprache Spezialisten, die diese Sprache beherrschten. Es ist gar nicht so einfach, solch eine Sprache zu erlernen und sie anzuwenden, vor allen Dingen dann, wenn man nicht täglich mit der Programmierung von irgendwelchen Problemen konfrontiert wird und so die Handhabung einer höheren Programmiersprache nicht üben kann. Deshalb war der Mann aus der Praxis bisher nach wie vor auf einen Spezialisten, d. h. Programmierer angewiesen, wenn er in seinem Fachbereich den Computer als Hilfsmittel einsetzen wollte. Das brachte die bekannten Nachteile mit sich. Das zu lösende Problem wurde in einer Fachsprache formuliert, wobei der Verfasser nur eine ungenaue Vorstellung besaß, wie detailliert eine Problembeschreibung für den Programmierer sein mußte, der wiederum die Beschreibung in seine Fachsprache, nämlich eine höhere Programmiersprache, umformte. Dabei mußte der Programmierer viele Rückfragen stellen, denn ihm fehlten die nötigen Fachkenntnisse, um die gelieferte Problembeschreibung zu ergänzen oder gar zu korrigieren. Es kam so zwangsläufig zu Kommunikationsschwierigkeiten und Mißverständnissen, die oft erst aufgedeckt wurden, wenn das Programm die ersten Ergebnisse lieferte, die falsch waren. Lief endlich das Programm zur beiderseitigen Zufriedenheit, und erkannte die Fachabteilung, welche Arbeitserleichterungen durch den Einsatz des Computers auf dem betreffenden Gebiet erzielt wurden, dann wollte man natürlich den Anwendungsbereich vergrößern und ergänzen. Auch hier mußte sich die Fachabteilung, wie bei jeder sonstigen Änderung im System, wieder an die EDV-Abteilung wenden, die ihr dann meistens mitteilte, daß der Programmierer, der das Programm geschrieben hatte, zur Zeit an einem anderen Problem arbeite oder gekündigt habe oder . . . jedenfalls ein anderer Programmierer mußte sich in den Problemkreis einarbeiten, und das ganze Spiel begann von neuem.

Diese Nachteile waren mit ein Grund, warum sich viele Fachabteilungen dagegen sträubten, sich der elektronischen Datenverarbeitung als Hilfsmittel zu bedienen.

Die Einführung der EDV bedeutete für sie während der Umstellungsphase einen beträchtlichen Arbeitsmehraufwand, weil ihre bisher angewandten Techniken der Analyse und Beschreibung von Arbeitsabläufen ungenau und unvollständig waren. Um diese Umstellungsphase zu rationalisieren, wurde in den USA die Methode der Entscheidungstabellentechnik entwickelt. Sie dient zunächst dazu, in der Systemplanung systematische Zusammenhänge übersichtlich und eindeutig darzustellen, wobei ihr Einsatz dort zweckmäßig ist, wo ein Arbeitsablauf eine Vielzahl von hintereinander zu fällenden Entscheidungen fordert. Dabei sind hier diejenigen Entscheidungen gemeint, deren Grundlage gewisse Voraussetzungen oder Bedingungen sind, die erfüllt sein müssen, damit bestimmte Maßnahmen oder Aktionen folgen, und für die ferner in Entscheidungsregeln eindeutig der Zusammenhang festgelegt werden kann, *welche* Bedingungen erfüllt sein müssen, und *welche* Aktionen dann ausgelöst werden („Wenn-Dann"-Beziehung). Diese Forderungen erfüllen keineswegs nur mathematische oder physikalische Gesetze, sondern viele Entscheidungen, die täglich am Arbeitsplatz getroffen werden, sind Entscheidungen dieser Art, wenn das auch oft nicht bewußt wird. Alle Entscheidungen, die anhand von Arbeitsanweisungen, Vertragsbestimmungen oder Gesetzestexten getroffen werden, gehören zu dieser Kategorie. Dazu zählen aber auch die Entscheidungen, die auf Erfahrung basieren. So ist man durch das wiederholte Auftreten einer bestimmten Situation in der Lage, die richtige Entscheidung zu treffen, ohne von einer schriftlich fixierten Entscheidungsregel auszugehen, und dennoch beruht auch diese Entscheidung auf bestimmten Bedingungen, die erfüllt sein müssen, damit gewisse Handlungen sich anschließen. Jedoch je organisierter ein Unternehmen ist, umso mehr wird es darauf achten, daß besonders die Entscheidungsprozesse, die abhängig von der Erfahrung einzelner Mitarbeiter sind, durch schriftlich fixierte Entscheidungsregeln festgelegt und damit allgemein ausführbar werden.

Die konventionellen Methoden, systematische Abläufe zu dokumentieren, sind die verbale Beschreibung und die graphische Darstellung im Flußdiagramm. Beide Methoden werden unübersichtlich und unverständlich, sobald man komplexe systematische Abläufe mit einer Vielzahl von Entscheidungsregeln darstellen will. Als Beispiel sei der folgende „Plan für die Feierabendgestaltung" betrachtet, dessen verbale Beschreibung lautet:

„Wenn man Hochzeitstag hat, dann müssen Blumen gekauft werden, und man geht nach Hause zum Fernsehen, unabhängig vom Fernsehprogramm. Ist außerdem die Schwiegermutter zu Besuch, dann werden zusätzlich noch Pralinen gekauft. Hat man keinen Hochzeitstag, und ist das Fernsehprogramm interessant, dann geht man zum Fernsehen nach Hause oder zu Bekannten, je nachdem ob die Schwiegermutter zu Besuch ist oder nicht. Ist das Fernsehprogramm uninteressant, dann sucht man die Stammkneipe auf."

Die graphische Darstellung der verschiedenen Möglichkeiten des Verhaltens, die in der verbalen Beschreibung enthalten sind, ist das Flußdiagramm der Abb. 1.1.

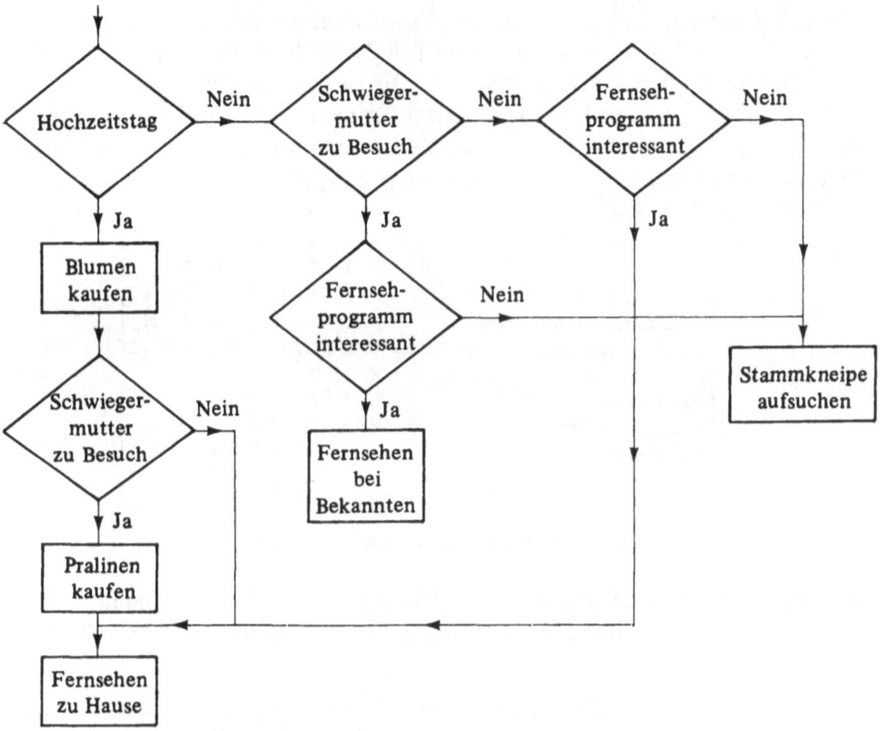

Abb. 1.1 Beispiel eines Flußdiagramms

Beide Dokumentationsarten sind schon für dieses einfache Beispiel unbefriedigend. Während in der verbalen Beschreibung die einzelnen Entscheidungsregeln nicht klar getrennt aufgezeigt werden, ist dies zwar bei dem verhältnismäßig kleinen Flußdiagramm der Abb. 1.1 noch der Fall, doch beide Darstellungen besitzen den großen Nachteil, daß man nicht sicher ist, ob alle denkbaren Kombinationen der „Wenn-Dann"-Beziehungen berücksichtigt werden, oder ob man eine Möglichkeit übersehen hat, die nicht so augenfällig ist. Dieser Nachteil vergrößert sich in dem Maße, wie das zu beschreibende System komplexer wird, wobei dann auch die Flußdiagramme unübersichtlich werden, und man die einzelnen Entscheidungsregeln nur mit großer Mühe aus dem Wirrwarr der Verzweigungen herausfinden kann. Außerdem sind Systemänderungen dann meistens mit einer völligen Neuzeichnung des Flußdiagramms verbunden.

Diese Hauptschwierigkeiten bei der Beschreibung von komplexen systematischen Abläufen wird durch die Darstellung in Entscheidungstabellen umgangen. Eine Entscheidungstabelle besteht aus vier Feldern. Die beiden oberen Felder enthalten die Bedingungen, die beiden unteren die Aktionen. In den linken Feldern stehen die Begriffe, die die Bedingungen und Aktionen beschreiben, die rechten

Felder sind in Spalten eingeteilt, die die einzelnen Entscheidungsregeln kennzeichnen. In den Spalten wird im oberen Teil durch Symbole „J“ (Ja) und „N“ (Nein) festgesetzt, welche Bedingungen für die betreffende Entscheidungsregel erfüllt sein müssen und welche nicht, und im unteren Teil wird durch das Symbol „X“ festgelegt, welche Aktionen ausgelöst werden sollen. Den Grundaufbau einer Entscheidungstabelle für das angegebene Beispiel der „Feierabendgestaltung“ zeigt die Abb. 1.2.

Hochzeitstag	J	J	J	J	N	N	N	N
Schwiegermutter zu Besuch	J	J	N	N	J	J	N	N
Fernsehprogramm interessant	J	N	J	N	J	N	J	N
Blumen kaufen	X	X	X	X				
Pralinen kaufen	X	X						
Fernsehen zu Hause	X	X	X	X			X	
Fernsehen bei Bekannten					X			
Stammkneipe aufsuchen						X		X

Abb. 1.2 Grundaufbau einer Entscheidungstabelle

Die „Wenn-Dann“-Beziehungen sind durch die einzelnen Spalten eindeutig und übersichtlich festgelegt und bieten keinen Interpretationsspielraum. So gilt für die Entscheidungstabelle in der Abb. 1.2:

Wenn die Bedingungen „Hochzeitstag“ und „Schwiegermutter zu Besuch“ und „interessantes Fernsehprogramm“ erfüllt sind, *dann* werden die Aktionen „Blumen kaufen“ und „Pralinen kaufen“ und „Fernsehen zu Hause“ ausgelöst oder *wenn* die Bedingungen „Hochzeitstag“ und „Schwiegermutter zu Besuch“ erfüllt und die Bedingung „interessantes Fernsehprogramm“ nicht erfüllt sind, *dann* werden die Aktionen „Blumen kaufen“ und „Pralinen kaufen“ und „Fernsehen zu Hause“ ausgelöst usw.

Der Hauptunterschied zum Flußdiagramm besteht darin, daß im Flußdiagramm sowohl die Entscheidungsregeln als auch der Ablauf, durch den man das Ergebnis einer Entscheidung erhält, dargestellt sind, während in einer Entscheidungstabelle nur die Entscheidungsregeln dokumentiert werden. Eine Entscheidungstabelle enthält also weniger als ein Flußdiagramm, ist aber dadurch übersichtlicher.

Zu den wesentlichen Vorteilen der Entscheidungstabellen gehören:

Entscheidungstabellen sind leicht verständlich und einfach handzuhaben, da der Umgang mit ähnlichen Tabellen im täglichen Leben gewohnt ist (Zugfahrpläne, Entfernungstabellen usw.). Durch ihre übersichtliche Form sind die Stellen für Änderungen sofort ersichtlich. Änderungen und Ergänzungen sind schnell durchzuführen und verändern nicht die formale Gestalt der Entscheidungstabellen. Die Logik zwischen Voraussetzungen und Folgen wird unmittelbar anschaulich gezeigt. Entscheidungstabellen zwingen zur exakten Aufgabenformulierung und zur Überprüfung, ob alle für das Problem relevanten Bedingungskombinationen analysiert und berücksichtigt wurden. Ihr formaler Aufbau gestattet eine leichte Verständigung zwischen Personen mit unterschiedlicher Fachsprache. Sie sind ein Kommunikationsmittel, sowohl zwischen den einzelnen Fachabteilungen, die den Computer nicht kennen oder verstehen müssen, als auch zwischen der Fachabteilung und der EDV-Abteilung, für die die Entscheidungstabellen eine unmittelbar programmierfähige Formulierung eines Problems darstellen. So sind Entscheidungstabellen ein Instrument zur Problemanalyse, Problemdokumentation und Programmvorgabe.

Ein weiterer und entscheidender Schritt in der Programmierung von Entscheidungstabellen besteht darin, diese nicht nur als Programmvorgabe zu betrachten, sondern sie als eigenständige Programmiersprache zu benutzen. Dazu muß man die Entscheidungstabellen in einer formal strengeren Schreibweise abfassen, wobei sich aber an dem Grundaufbau nichts ändert und die übersichtliche und leicht lesbare Anordnung vollständig erhalten bleibt. Die Fachabteilung produziert keine Flußdiagramme mehr, die von einem Programmierer manuell in ein Programm umgesetzt werden, sondern sie stellt Entscheidungstabellen auf, und diese werden automatisch vom Computer in ein Programm umgewandelt. Dadurch wird die Fachabteilung unabhängig von Programmierern und kann selbst mit Hilfe der „Entscheidungstabellensprache" ihre Probleme lösen und programmieren. Es gibt keine Kommunikationsschwierigkeiten, und auch bei Änderungen und Ergänzungen ist die Fachabteilung nicht mehr auf einen Programmierer angewiesen. Sie ändert ihre Entscheidungstabellen selbst und besitzt gleichzeitig in ihnen eine immer aktuelle und leicht lesbare Programmdokumentation. Die Entscheidungstabellensprache ist außerdem in gewissem Sinn eine weiterentwickelte höhere Programmiersprache, denn schon beim Programmieren, d. h. beim Erstellen der Entscheidungstabellen, kann man das zu programmierende System auf logische Widersprüche, Redundanzen und Vollständigkeit überprüfen. Dadurch werden die Testzeiten des Programms erheblich gesenkt. Mit der automatischen Umwandlung von Entscheidungstabellen in ein Computerprogramm erweitert sich ihr Anwendungskreis von der Problemanalyse, Problemdokumentation und Programmvorgabe bis zum eigentlichen Programm und der Programmdokumentation.

Durch Entscheidungstabellen wird der gesamte Bereich von der Problemanalyse, Programmvorgabe über die Programmierung und den Programmtest bis hin zur Programmdokumentation und der Programmpflege rationalisiert.

In den folgenden Abschnitten wird der Grundaufbau einer Entscheidungstabelle dargelegt, wobei zunächst eindeutig festgelegt wird, was die Und-Verknüpfungen und die Oder-Verknüpfungen in den „Wenn-Dann"-Beziehungen wie „wenn . . . *und* wenn . . . *und* wenn . . . dann . . . *und* dann . . . *oder* wenn . . . usw."

bedeuten. Anschließend werden die Entscheidungsregeln und ihre Zusammenfassung zu Entscheidungstabellen erklärt. Zum Abschluß werden die verschiedenen Formen von Entscheidungstabellen eingeführt.

1.2 Logische Operatoren

Die verbale Beschreibung der Definition, Analyse und Problemlösung von Systemen besteht aus Aussagen, die entweder wahr oder falsch sind, wie z. B.:

„Die maximale Stromstärke ist 25 Ampére."
„Die Nachfrage ist nicht größer als 100 Stück pro Monat."
„Die Lieferzeit beträgt 3 Monate." usw.

Es dürfen keine Aussagen vorkommen, die sinnlos sind (z. B.: „Der Kreisumfang der Stücklisten ist blau."), oder bei denen man nicht eindeutig entscheiden kann, ob sie wahr oder falsch sind (z. B.: Von einem Friseur, der dadurch gekennzeichnet wird, daß er alle Männer rasiert, die sich nicht selbst rasieren, gilt, daß er sich genau dann selbst rasiert, wenn er sich nicht selbst rasiert.). Man kann daher sagen, daß jeder dieser Aussagen eindeutig ein bestimmter *Wahrheitswert* zugeordnet ist, nämlich der Wert wahr oder falsch. In einer Systembeschreibung treten aber nicht nur Elementaraussagen der angegebenen Art auf, die sich nicht mehr in einfachere Aussagen aufteilen lassen, sondern vor allen Dingen *Aussagenverknüpfungen,* die sich aus Elementaraussagen mit Hilfe von Verknüpfungen wie „und", „oder", „entweder – oder" usw. zusammensetzen, wie zum Beispiel:

„Die Nachfrage ist nicht größer als 100 Stück pro Monat *und* die Lieferzeit beträgt 3 Monate."

„Die maximale Stromstärke ist 25 Ampére *oder* der Leitungsquerschnitt beträgt 4 Quadratmillimeter."

Dabei muß eindeutig festgelegt sein, welcher Wahrheitswert einer solchen Aussagenverknüpfung, die auch wieder eine Aussage darstellt, zugeordnet ist, d. h. wie dieser Wahrheitswert von den Wahrheitswerten der Elementaraussagen abhängig ist, die die Aussagenverknüpfung bilden. Das ist in der Umgangssprache nicht immer eindeutig festgesetzt, was man z. B. an der Verknüpfung „oder" sieht, die teilweise im Sinne von „entweder – oder, aber nicht beides" (exklusives Oder) und teilweise im Sinne von „das eine oder das andere oder beides" (inklusives Oder) benutzt wird. In der mathematischen Logik wird in der Aussagenlogik [1; 2] der Wahrheitswert von Aussagenverknüpfungen in Abbhängigkeit von den Wahrheitswerten der Teilaussagen eindeutig festgelegt, indem man die einzelnen Verknüpfungszeichen eindeutig definiert und zwar folgendermaßen:

Und-Verknüpfung (Konjunktion):

Sind A und B zwei Aussagen, dann ist die Konjunktion von A und B (Bezeichnung: $A \wedge B$; gelesen: A und B) eine wahre Aussage genau dann, wenn sowohl A als auch B wahr sind. Sonst ist sie falsch. Zur strengen Definition von logischen Operatoren benutzt man Tabellen, sogenannte *Wahrheitstafeln:*

Definition der Konjunktion:

A	B	$A \wedge B$
W	W	W
W	F	F
F	W	F
F	F	F

Abb. 1.4

W ist das Wahrheitssymbol für wahr, und F ist das Symbol für falsch. Es bedeutet z. B. die zweite Definitionszeile, daß $A \wedge B$ falsch ist, wenn A wahr und B falsch ist.

Oder-Verknüpfung (Disjunktion):

Sind A und B zwei Aussagen, dann ist die Disjunktion von A und B (Bezeichnung: $A \vee B$; gelesen: A oder B) eine wahre Aussage, wenn wenigstens eine der beiden Aussagen A oder B wahr ist. Sonst ist sie falsch.

Definition der Disjunktion:

A	B	$A \vee B$
W	W	W
W	F	W
F	W	W
F	F	F

Abb. 1.5

Man sieht an der ersten Definitionszeile der Wahrheitstafel, daß die Disjunktion die inklusive „oder" Bedeutung hat und nicht die exklusive, wo „oder" bedeutet „das eine oder das andere, aber nicht beides".

Zu den Verknüpfungen „und" und „oder" kommt eine weiterer logischer Operator hinzu, der häufig in Aussageverknüpfungen auftritt, die

Negation:

Während die Konjunktion und Disjunktion zwei Aussagen verknüpfen, steht die Negation nur vor einer Aussage.

Die Negation einer Aussage A (Bezeichnung: $\neg A$; gelesen: nicht A) ist eine wahre Aussage, wenn A falsch ist und eine falsche Aussage, wenn A wahr ist.

Definition der Negation:

A	$\neg$A
W	F
F	W

Abb. 1.6

Mit Hilfe dieser Definitionen kann man den Wahrheitswert jeder komplexen Aussagenverknüpfung ermitteln, die als logische Operatoren nur Konjunktion, Disjunktion und Negation enthält, wenn man die Wahrheitswerte der enthaltenen (Elementar-) Aussagen kennt. Als Beispiel sei der Wahrheitswert der folgenden Aussagenverknüpfung ermittelt:

$$(A \wedge \neg B) \vee (\neg A \wedge B)$$

Dabei sind A und B (Elementar-) Aussagen, und die Klammerung soll wie in der Arithmetik die Verknüpfungsreihenfolge festlegen. Die Konstruktion der Wahrheitstafel für eine komplizierte Aussagenverknüpfung wird in einzelnen Schritten ausgeführt, wobei man bei jedem Schritt die Wahrheitstafeln der Definitionen für die Konjunktion, Disjunktion und Negation benutzt.

A	B	$\neg$A	$\neg$B	A $\wedge$ $\neg$B	$\neg$A $\wedge$ B	(A $\wedge$ $\neg$B) $\vee$ ($\neg$A $\wedge$ B)
W	W	F	F	F	F	F
W	F	F	W	W	F	W
F	W	W	F	F	W	W
F	F	W	W	F	F	F

Abb. 1.7

Man könnte nun die Wahrheitstafeln von allen Verknüpfungen zweier Aussagen aufstellen, was 16 verschiedene Tafeln ergeben würde, denn in den vier Feldern der rechten Spalte einer Wahrheitstafel für die Verknüpfung von zwei Aussagen lassen sich alle Kombinationen von W und F, das sind $2^4 = 16$ Kombinationen, eintragen. Es läßt sich aber zeigen, daß sich alle Aussagenverknüpfungen allein durch Konjunktion, Disjunktion und Negation darstellen lassen [1; 2]. Als Beispiel sei die Wahrheitstafel für das „ausschließende oder“ (entweder – oder) betrachtet:

A	B	Entweder A oder B
W	W	F
W	F	W
F	W	W
F	F	F

Abb. 1.8

Man sieht, daß die Wahrheitstafel mit der in Abb. 1.7 gezeigten für die Aussagenverknüpfung $(A \wedge \neg B) \vee (\neg A \wedge B)$ übereinstimmt. Man kann also für die Aussage „entweder A oder B“ sagen „A und nicht B oder nicht A und B“. Das ist zwar keine schöne Sprache mehr, dafür ist sie aber ohne weiteres auf ihren Wahrheitswert anhand der Wahrheitstafeln für Konjunktion, Disjunktion und Negation zu prüfen.

Für die Darstellung der Aussagenverknüpfungen durch Konjunktion, Disjunktion und Negation existieren verschiedene Normalformen, in die man die Aussagenverknüpfungen bringen kann [1; 2]. Hier interessiert nur die

Disjunktive Normalform einer Aussagenverknüpfung:

Jede Aussagenverknüpfung läßt sich in die Form bringen

(Konjunktion, Negation) $\vee$ (Konjunktion, Negation) $\vee \ldots \vee$ (Konjunktion, Negation)

Das soll heißen: innerhalb der Klammern sind die Aussagen durch Konjunktionen und Negationen verknüpft und außerhalb nur durch Disjunktionen.

Die oben genannte Aussagenverknüpfung $(A \wedge \neg B) \vee (\neg A \wedge B)$ besitzt bereits die disjunktive Normalform.

Im folgenden sollen die Verknüpfungen „und“, „oder“, „nicht“ nur noch in dem in der Aussagenlogik definierten Sinn der Konjunktion, Disjunktion und Negation gebraucht werden, so daß man den Wahrheitswert einer Aussagenverknüpfung, die diese Verknüpfungen enthalten, eindeutig anhand der Wahrheitswerte seiner Teilaussagen feststellen kann.

1.3 Entscheidungsregel

Die Grundlagen für eine zu treffende Entscheidung sind gewisse Bedingungen, die erfüllt sein müssen, damit bestimmte Aktionen ausgelöst werden.

Eine *Entscheidungsregel* ist die genaue Festlegung des Zusammenhangs, *welche* Bedingungen erfüllt sein müssen und *welche* Aktionen dann ausgelöst werden.

Beispiel:

Eine Entscheidungsregel für die Berechnung des Mindestbremsweges eines Kraftfahrzeuges kann folgendermaßen aussehen:

Wenn die Fahrgeschwindigkeit kleiner als 50 km/h ist Wenn die Reifen neu sind Wenn die Fahrbahn trocken ist Wenn alle 4 Räder gebremst werden	*Bedingungen*
Dann ist die Haftreibungszahl gleich 0,85 Dann beträgt die max. Verzögerung 10 mal 0,85 m/sec Dann berechnet sich der Mindestbremsweg wie folgt: Mindestbremsweg (m) = $50^2/(26 \cdot$ max. Verzögerung)	*Aktionen*

Abb. 1.9

Allgemein werden in einer Entscheidungsregel die Bedingungen in den oberen Teil und die Aktionen in den unteren Teil der Regel getrennt durch eine doppelte Linie eingetragen. Man kann sich deshalb das „Wenn" bei den Bedingungen und das „Dann" bei den Aktionen sparen, und schreibt die Bedingungen und Aktionen verkürzt in den entsprechenden Teil der Regel. Die angegebene Entscheidungsregel wird dann so dargestellt:

Fahrgeschwindigkeit kleiner als 50 km/h Reifen: neu Fahrbahn: trocken Alle 4 Räder gebremst
Haftreibungszahl = 0,85 Max. Verzögerung = 10 mal 0,85 m/sec Mindestbremsweg = $50^2/(26 \cdot$ max. Verzögerung)

Abb. 1.10

Mit Hilfe der logischen Operatoren (1.2) läßt sich eindeutig festlegen, was es bedeutet, daß in einer Entscheidungsregel die Bedingungen erfüllt sind und die Aktionen ausgelöst werden.

„Eine Bedingung einer Entscheidungsregel ist erfüllt" heißt nichts anderes, als daß die Aussage der Bedingung wahr ist. Zum Beispiel ist die Bedingung „Wenn die Fahrbahn trocken ist" genau dann erfüllt, wenn die Aussage „Die Fahrbahn ist trocken" wahr ist. Entsprechend gilt:

Eine Bedingung einer Entscheidungsregel ist genau dann nicht erfüllt, wenn die Aussage der Bedingung falsch ist.

Eine Aktion einer Entscheidungsregel ist genau dann ausgelöst, wenn die Aussage der Aktion wahr ist.

Im folgenden wird an Stelle von „Aussage der Bedingung" und „Aussage der Aktion" auch wieder kurz von „Bedingung" und „Aktion" gesprochen. Gemeint ist aber dabei immer die Aussage, die in einer Bedingung bzw. Aktion enthalten ist.

Sowohl die Bedingungen als auch die Aktionen einer Entscheidungsregel sind untereinander durch die Und-Verknüpfung verbunden. Für das Beispiel in Abb. 1.10 bedeutet das:

Wenn die Fahrgeschwindigkeit kleiner als 50 km/h ist *und* wenn die Reifen neu sind *und* wenn die Fahrbahn trocken ist *und* wenn alle 4 Räder gebremst werden, dann ist die Haftreibungszahl gleich 0,85 *und* dann beträgt die maximale Verzögerung gleich 10 mal 0,85 m/sec *und* dann berechnet sich der Mindestbremsweg als $50^2/(26 \cdot \text{max. Verzögerung})$.

Eine Entscheidungsregel besteht demnach aus zwei Aussagenverknüpfungen, nämlich der Konjunktion von M Bedingungen

(1) 1. Bedingung $\wedge$ 2. Bedingung $\wedge \ldots \wedge$ M-te Bedingung

und der Konjunktion von N Aktionen

(2) 1. Aktion $\wedge$ 2. Aktion $\wedge \ldots \wedge$ N-te Aktion.

Die Bedingungen einer Entscheidungsregel sind erfüllt, wenn die Aussagenverknüpfung (1) der Bedingungen wahr ist. Nach der Definition der Konjunktion (1.2) ist die Aussagenverknüpfung (1) wahr, wenn jede einzelne Bedingung wahr ist. Dann werden die Aktionen ausgelöst. Die Aktionen einer Entscheidungsregel sind ausgelöst, wenn die Aussagenverknüpfung (2) der Aktionen wahr ist, d. h. wenn jede einzelne Aktion wahr ist.

Eine Entscheidungsregel ist ausgeführt, wenn die Aussagenverknüpfung

(1. Bedingung $\wedge$ 2. Bedingung $\wedge \ldots \wedge$ M-te Bedingung) $\wedge$ (1. Aktion $\wedge$ 2. Aktion $\wedge \ldots \wedge$ N-te Aktion)

wahr ist, d. h. genau dann, wenn die Bedingungen und Aktionen wahr sind.

1.4 Aufbau und Formen von Entscheidungstabellen

1.4.1 Zusammenfassung von Entscheidungsregeln zu einer Entscheidungstabelle

Sind mehrere Entscheidungsregeln gegeben, deren Bedingungen und Aktionen zum Teil dieselben sind, so faßt man diese Entscheidungsregeln in einer übersichtlichen Form zu einer *Entscheidungstabelle* zusammen, wobei man die Bedingungen und Aktionen nur einmal explizit im linken Teil der Tabelle angibt. Der rechte Teil der Tabelle wird in Spalten eingeteilt, die sogenannten *Regeln,* die den Entscheidungsregeln entsprechen. In den Regeln wird durch Symbole angezeigt, welche Bedingungen erfüllt und welche Bedingungen nicht erfüllt sein müssen und welche Aktionen dann ausgelöst werden.

Beispiel:

Fügt man der vorangegangenen Entscheidungsregel noch ein paar Entscheidungsregeln hinzu, so erhält man die folgende Entscheidungstabelle:

	Regel 1	Regel 2	Regel 3
Fahrgeschwindigkeit kleiner als 50 km/h	J	J	N
Reifenzustand: neu	J	N	N
Reifenzustand: 1 mm Profilhöhe	N	J	J
Straßenzustand: trocken	J	N	N
Straßenzustand: naß	N	J	J
Bremsen wirken auf alle 4 Räder	J	J	N
Bremsen wirken auf 2 Räder	N	N	J
Haftreibungszahl = 0,85	X		
Haftreibungszahl = 0,5		X	
Haftreibungszahl = 0,2			X
Max. Verzögerung = 10 · Haftreibungszahl	X	X	
Max. Verzögerung = 5 · Haftreibungszahl			X
Mindestbremsweg = (Fahrgeschw.)^2/(26 · max. Verzögerung)	X	X	X

Abb. 1.11 Beispiel einer Entscheidungstabelle

Für die Bedingungen werden in den Regeln folgende Symbole benutzt:

J (Ja) oder Y (Yes)	Bedingung ist erfüllt
N (Nein, No)	Bedingung ist nicht erfüllt
– oder keine Eintragung	Bedingung spielt in der betreffenden Regel keine Rolle und wird nicht abgeprüft. Hier

wird häufig in den angegebenen Entscheidungstabellen das Zeichen „–" benutzt, um sich gegen „vergessene" „J" oder „N" abzusichern. Im Text dagegen wird von „Leerstellen" gesprochen, um anzudeuten, daß es keiner Eintragung bedarf.

Für die Aktionen werden folgende Symbole benutzt:

X	Aktion wird ausgelöst
– oder keine Eintragung	Aktion wird nicht ausgelöst

Die Regeln werden von links nach rechts aufsteigend numeriert. An Stelle von „Regel 1", „Regel 2" usw. wird häufig abgekürzt geschrieben „R1", „R2" usw.

Die Bedingungen einer einzelnen Regel sind durch Konjunktion miteinander verknüpft (1.3).

Wenn die Aussagenverknüpfung der Regel 1 in Abb. 1.11

1. Bed. ∧ 2. Bed. ∧ ¬3. Bed. ∧ 4. Bed. ∧ ¬5. Bed. ∧ 6. Bed. ∧ ¬7. Bed.

wahr ist, dann werden die Aktionen der Regel 1 ausgeführt und zwar in der angegebenen Reihenfolge, d. h. zuerst wird die Haftreibungszahl gesetzt, dann die max. Verzögerung berechnet und schließlich der Mindestbremsweg. Die Aktionen der Regel 1 sind ausgelöst, wenn die Aussagenverknüpfung

1. Aktion ∧ 4. Aktion ∧ 6. Aktion

wahr ist. Analoges gilt für die Regeln 2 und 3 in Abb. 1.11.

Die Regeln einer Entscheidungstabelle, die durch Konjunktion der Bedingungen und Aktionen gebildete Aussagenverknüpfungen darstellen, sind durch Disjunktion („Oder") miteinander verknüpft. So gilt für die Entscheidungstabelle in der Abb. 1.11:

Regel 1 *oder* Regel 2 *oder* Regel 3.

Allgemein:

Regel 1 ∨ Regel 2 ∨ . . . ∨ Regel K

Den oberen Teil der Entscheidungstabelle in Abb. 1.11 kann man demnach mit Hilfe der logischen Operatoren (1.2) wie folgt schreiben:

(1. Bed. ∧ 2. Bed. ∧ ¬3. Bed. ∧ 4. Bed. ∧ ¬5. Bed. ∧ 6. Bed. ∧ ¬7. Bed.)
∨ (1. Bed. ∧ ¬2. Bed. ∧ 3. Bed. ∧ ¬4. Bed. ∧ 5. Bed. ∧ 6. Bed. ∧ ¬7. Bed.)
∨ (¬1. Bed. ∧ ¬2. Bed. ∧ 3. Bed. ∧ ¬4. Bed. ∧ 5. Bed. ∧ ¬6. Bed. ∧ 7. Bed.)

(1. Bed. steht für 1. Bedingung usw.)

Der obere Teil einer Entscheidungstabelle stellt also in übersichtlicher Form die logischen Aussagenverknüpfungen der folgenden Art dar:

(Konjunktion von einem Teil der Bedingungen und ihrer Negation) **v** . . . **v** (Konjunktion von einem Teil der Bedingungen und ihrer Negation)

Das ist aber nichts anderes als eine disjunktive Normalform für eine Aussagenverknüpfung (1.2). Da man jede Aussagenverknüpfung in einer disjunktiven Normalform darstellen kann, ist es also auch prinzipiell immer möglich, sie in Form einer Entscheidungstabelle aufzuschreiben.

Eine Entscheidungstabelle enthält die Entscheidungsregeln für einen ganz bestimmten Entscheidungsprozeß. Dieser kann aber beliebig oft für verschiedene Eingabeparameter mit derselben Entscheidungstabelle ausgeführt werden. Genauer ausgedrückt: Für jede Kombination der Wahrheitswerte der Bedingungen einer Entscheidungstabelle kann man anhand der Entscheidungstabelle feststellen, welche Aktionen ausgelöst werden, es sei denn, daß die eingegebene Bedingungskombination durch die Regeln der Entscheidungstabelle nicht abgedeckt wird, wie das z. B. mit der Kombination J J N J N N J in der Entscheidungstabelle der Abb. 1.11 der Fall ist. Man spricht von der *eingebbaren* Bedingungskombination einer Entscheidungstabelle. Man beachte, daß z. B. die Kombination J J N J J J N *keine* eingebbare Bedingungskombination für die Entscheidungstabelle der Abb. 1.11 ist, denn die 4. und 5. Bedingung können nicht gleichzeitig wahr sein (– eine Straße kann nicht gleichzeitig trocken und naß sein –). Im Abschnitt 3.2 wird hierauf noch einmal eingegangen.

1.4.2 Komplexe Regeln

In einer Regel einer Entscheidungstabelle muß nicht immer die Konjunktion aller Bedingungen oder deren Negation gebildet werden, denn eine Regel kann auch das Symbol „–“ oder keine Eintragung enthalten, was bedeutet, daß die betreffende Bedingung für die Regel irrelevant ist. Eine Regel, die Leerstellen im Bedingungsteil enthält, heißt *komplexe* Regel einer Entscheidungstabelle. Im Gegensatz dazu heißen die Regeln, die keine Leerstellen enthalten, *einfache* Regeln. Komplexe Regeln treten zunächst dann auf, wenn man Entscheidungsregeln zu einer Entscheidungstabelle zusammenfaßt, deren Bedingungen nur zum Teil dieselben sind. Für die Bedingungen, die für eine Regel irrelevant sind, setzt man dann ein „–“ oder läßt eine Leerstelle. Man versucht aber auch, durch das Einfügen von Leerstellen in die Regeln an Übersicht zu gewinnen. Je mehr Leerstellen eine komplexe Regel enthält, um so weniger Bedingungen müssen auf Erfülltsein oder Nichterfülltsein abgefragt werden, und um so übersichtlicher und leichter lesbar wird die Entscheidungstabelle.

Es gibt hauptsächlich zwei Möglichkeiten, Leerstellen in den Bedingungsteil einer Regel einzufügen, auf die später noch ausführlicher eingegangen wird (2.). Betrachtet man noch einmal die Entscheidungstabelle in Abb. 1.11, dann ist es z. B. in der Regel 1 unnötig, die Bedingung „Straßenzustand naß" abzufragen, wenn man schon vorher feststellt, ob die Bedingung „Straßenzustand trocken" erfüllt ist. Man kann das „N" in der Regel 1 für die 5. Bedingung durch ein „–" ersetzen oder den Platz leerlassen (Abb. 1.12).

	R1	R2	R3
Fahrgeschwindigkeit kleiner als 50 km/h	J	J	N
Reifenzustand: neu	J	N	N
Reifenzustand: 1 mm Profilhöhe	N	J	J
Straßenzustand: trocken	J	N	N
Straßenzustand: naß	–	J	J
Bremsen wirken auf alle 4 Räder	J	J	N
Bremsen wirken auf 2 Räder	N	N	J
Haftreibungszahl = 0,85	X		
Haftreibungszahl = 0,5		X	
Haftreibungszahl = 0,2			X
Max. Verzögerung = 10 · Haftreibungszahl	X	X	
Max. Verzögerung = 5 · Haftreibungszahl			X
Mindestbremsweg = (Fahrgeschw.)^2/(26 · max. Verzögerung)	X	X	X

Abb. 1.12 Beispiel einer Entscheidungstabelle mit einer komplexen Regel

Man nutzt also hierbei die Abhängigkeit der Bedingungen untereinander aus.

Die zweite Möglichkeit, komplexe Regeln in einer Entscheidungstabelle aufzubauen, wird wesentlich häufiger angewandt. Sie besteht darin, mehrere Regeln, die sich nur in einer Bedingungszeile unterscheiden, zu einer komplexen Regel zusammenzufassen. Auch hierauf wird noch ausführlich eingegangen (2.1.3).

1.4.3 Die „links vor rechts"-Abarbeitungsvorschrift

Wichtig für das Folgende ist die „links vor rechts"-Abarbeitungsvorschrift. Bisher wurde nur festgesetzt, daß die Regeln einer Entscheidungstabelle durch die Disjunktion miteinander verknüpft sind:

$$\text{Regel 1} \vee \text{Regel 2} \vee \ldots \vee \text{Regel K}.$$

Über die Reihenfolge, in der die Regeln für eine vorgegebene Bedingungskombination abgefragt werden, d. h. ob zunächst die Regel 1, dann die Regel 2 usw. auf Erfülltsein geprüft werden oder ob es gleichgültig ist, mit welcher Regel man beginnt, wurde noch nichts ausgesagt. Das soll nun durch die folgende Vorschrift geschehen:

„Links vor rechts“-Abarbeitungsvorschrift:

In einer Entscheidungstabelle werden die Regeln sequentiell von links nach rechts abgeprüft. Zunächst wird gefragt, ob die Regel 1 erfüllt ist, wenn ja, werden die Aktionen der Regel 1 ausgelöst. Wenn nein, wird gefragt, ist die Regel 2 erfüllt usw. Sind die vorgegebenen Bedingungen durch eine Regel erfüllt, dann werden die übrigen Regeln nicht weiter abgeprüft.

Später wird gezeigt (3.), daß man auch ohne irgendeine Festlegung der Reihenfolge für die Abprüfung der Regeln auskommen kann, nur müssen dann für den Bedingungsteil der Regeln Einschränkungen gemacht werden, und die Entscheidungstabelle kann dadurch wesentlich an Übersichtlichkeit verlieren.

1.4.4 Allgemeine Form einer Entscheidungstabelle

Allgemein hat eine Entscheidungstabelle folgende Form:

Kurzbeschreibung des Tabelleninhaltes und der Eingabedaten		Regeln R1 . . . Rn
Tabellen-Nr. (bzw. Tabellenname)	Bedingungsteil „Wenn“ (condition stub)	Bedingungsanzeigeteil (condition entry)
	Aktionsteil „Dann“ (action stub)	Aktionsanzeigeteil (action entry)

Abb. 1.13

Die Bedingungen werden in den oberen Teil der Tabelle (Bedingungsteil) eingetragen, die Aktionen in den unteren Teil (Aktionsteil). Links stehen die Begriffe, die die Bedingungen und Aktionen kennzeichnen, rechts sind die Einzelangaben (Bedingungsanzeiger bzw. Aktionsanzeiger) zu Regeln zusammengefaßt, die aufsteigend durchnumeriert werden. Einer auftretenden Kombination von Bedingungen sind die entsprechenden Aktionen zugeordnet.

Jede Entscheidungstabelle ist durch eine Tabellennummer oder einen Tabellennamen charakterisiert und damit ansprechbar. Die Tabellennummern sind frei wählbar. Man kann aufeinanderfolgende Entscheidungstabellen zur besseren Übersicht aufsteigend numerieren, muß es aber nicht.

An Stelle der Bezeichnungen Aktionen, Aktionsteil usw. werden auch die Begriffe Maßnahmen, Maßnahmeteil usw. gebraucht.

Als Abkürzung für „Entscheidungstabelle" wird im folgenden häufig ET (Plural: ETn) benutzt.

1.4.5 Verschiedene Formen von Entscheidungstabellen

Begrenzte Entscheidungstabelle (limited entry decision table)

Die in Abb. 1.11 aufgetretene Form einer Entscheidungstabelle heißt begrenzte Entscheidungstabelle. Sie ist dadurch charakterisiert, daß die Bedingungen und Aktionen vollständig in dem linken Tabellenteil beschrieben sind, während im Bedingungs- bzw. Aktionsanzeigeteil nur die Symbole J, Y, N, – oder keine Eintragung (Bedingungsanzeiger) bzw. X, – oder keine Eintragung (Aktionsanzeiger) auftreten. Der Bedingungsanzeigeteil, Aktionsanzeigeteil und die einzelnen Bedingungs- und Aktionszeilen einer begrenzten ET heißen ebenfalls begrenzt. Der Bedingungsanzeigeteil einer begrenzten ET kann für jede Bedingung maximal zwei Bedingungszustände (kurz: *Zustände*) annehmen, nämlich Ja und Nein. Eine Leerstelle in einem begrenzten Bedingungsanzeigeteil kann man demnach auch als Zusammenfassung der beiden Zustände Ja und Nein auffassen. Es ist deshalb immer möglich, eine Leerstelle in einer komplexen Regel eines begrenzten Bedingungsanzeigeteils zu eliminieren, indem man diese Regel durch zwei neue Regeln ersetzt, bei denen an Stelle der Leerstelle ein „J" bzw. „N" eingesetzt ist. Dieses Verfahren ist nicht besonders elegant und kann sogar zu ETn führen, die überflüssige Regeln enthalten, wenn die Bedingungen der Ausgangsentscheidungstabelle untereinander abhängig sind. Das zeigt die Umwandlung der ET in Abb. 1.12 nach diesem Verfahren, wobei man die ET 3 in Abb. 1.14 erhält.

		R1	R2	R3	R4
3	Fahrgeschwindigkeit kleiner als 50 km/h	J	J	J	N
	Reifenzustand: neu	J	J	N	N
	Reifenzustand: 1 mm Profilhöhe	N	N	J	J
	Straßenzustand: trocken	J	J	N	N
	Straßenzustand: naß	J	N	J	J
	Bremsen wirken auf alle 4 Räder	J	J	J	N
	Bremsen wirken auf 2 Räder	N	N	N	J
	Haftreibungszahl = 0,85	X	X		
	Haftreibungszahl = 0,5			X	
	Haftreibungszahl = 0,2				X
	Max. Verzögerung = 10 · Haftreibungszahl	X	X	X	
	Max. Verzögerung = 5 · Haftreibungszahl				X
	Mindestbremsweg = (Fahrgeschw.)^2/(26 · max. Verzögerung)	X	X	X	X

Abb. 1.14

Die Regel 1 der ET 3 (Abb. 1.14) ist überflüssig, denn die durch sie abgedeckte Bedingungskombination J J N J J J N ist für die ET keine eingebbare Bedingungskombination (vgl. 1.4.1).

Erweiterte Entscheidungstabelle (extended entry decision table)

Die erweiterten Entscheidungstabellen sind dadurch gekennzeichnet, daß Teile der Bedingungen oder Aktionen im Bedingungs- bzw. Aktionsanzeigeteil stehen. Das in Abb. 1.11 genannte Beispiel ergibt als erweiterte ET die ET 4 in Abb. 1.15.

Erweiterte ET zur Berechnung des Mindestbremswegs eines Kraftfahrzeugs		Regel 1	Regel 2	Regel 3
4	Fahrgeschw. (km/h)	kleiner 50	kleiner 50	größer oder gleich 50
	Reifenzustand	neu	1 mm	1 mm
	Straßenzustand	trocken	naß	naß
	Bremswirkung	4 Räder	4 Räder	2 Räder
	Haftreibungszahl =	0,85	0,5	0,2
	Max. Verzögerung =	10 · Haftr.	10 · Haftr.	5 · Haftr.
	Mindestbremsweg =	(Geschw.)^2/ (26 · max. Verz.)	(Geschw.)^2/ (26 · max. Verz.)	(Geschw.)^2/ (26 · max. Verz.)

Abb. 1.15 Beispiel einer erweiterten Entscheidungstabelle

Die Umwandlung einer begrenzten ET in eine erweiterte verkleinert die Zahl der Bedingungs- und Aktionszeilen oder läßt sie konstant. Die Zahl der Regeln bleibt unverändert. Der Bedingungsanzeigeteil, Aktionsanzeigeteil und die einzelnen Bedingungs- und Aktionszeilen einer erweiterten ET heißen ebenfalls erweitert. Der Bedingungsanzeiger einer erweiterten ET kann für jede Bedingung maximal soviele Zustände annehmen, wie die ET Regeln besitzt. In der erweiterten ET der Abb. 1.15 nehmen alle 4 Bedingungen je 2 Zustände ein (kleiner 50, größer oder gleich 50; neu, 1 mm usw.).

Selbstverständlich kann der Bedingungsanzeigeteil einer erweiterten ET auch Leerstellen enthalten, d. h. komplexe Regeln sind auch in erweiterten ETn erlaubt. Eine Leerstelle in einem erweiterten Bedingungsanzeigeteil kann man auch als Zusammenfassung der Zustände ansehen, die die betreffende Bedingung in der ET annehmen soll. Diese sind gegeben durch die im Bedingungsanzeigeteil aufgeführten Zustände für die Bedingung und eventuell einen neuen Zustand, der wiederum alle Zustände zusammenfaßt, die die Bedingung noch annehmen kann.

In der folgenden ET 5 (Abb. 1.16) ändert sich die Zahl der Zustände im Vergleich zur ET 4 in Abb. 1.15, die die 1. Bedingung annehmen kann, durch die Leerstelle in der 3. Regel nicht, denn eine Geschwindigkeit kann neben dem vorgegebenen Zustand „kleiner 50" als „sonstigen" Zustand „größer oder gleich 50" annehmen. Trotzdem deckt aber jetzt die Regel 3 zusätzlich noch die Bedingungskombination „Fahrgeschw. kleiner 50" und „Reifenzustand: 1 mm" und „Straßenzustand: naß" und „Bremswirkung: 2 Räder".

Im Gegensatz dazu hat sich in der 4. Bedingung durch das Einfügen einer Leerstelle die Zahl der Zustände gegenüber der ET 4 in Abb. 1.15 verändert. Zu den vorgegebenen Zuständen „4 Räder" und „2 Räder" kommt der Zustand „sonst" hinzu, der also die Zustände „0 Räder", „1 Rad", „3 Räder", „5 Räder" usw. zusammenfaßt. Die Regel 2 deckt jetzt alle Bedingungskombinationen der Art: „Fahrgeschw. kleiner 50" und „Reifenzustand: 1 mm" und „Straßenzustand: trocken".

Die Zahl der Zustände einer Bedingung spielt dann eine Rolle, wenn man nachprüfen will, wieviele Bedingungskombinationen durch die Regeln einer ET abgedeckt werden (2.1.1).

		Regel 1	Regel 2	Regel 3
5	Fahrgeschw. (km/h) Reifenzustand Straßenzustand Bremswirkung	kleiner 50 neu trocken 4 Räder	kleiner 50 1 mm trocken –	– 1 mm naß 2 Räder
	Haftreibungszahl = Max. Verzögerung = Mindestbremsweg =	0,85 10 · Haftr. (Geschw.)^2 / (26 · max. Verz.)	0,5 10 · Haftr. (Geschw.)^2 / (26 · max. Verz.)	0,2 5 · Haftr. (Geschw.)^2 / (26 · max. Verz.)

Abb. 1.16

Gemischte Entscheidungstabelle (mixed entry decision table)

Eine ET heißt gemischte Entscheidungstabelle, wenn sie sowohl begrenzte als auch erweiterte Bedingungs- und/oder Aktionszeilen enthält.

Die ET 4 der Abb. 1.15, als gemischte Entscheidungstabelle dargestellt, ergibt die ET 6 in Abb. 1.17.

Erweiterte und gemischte Entscheidungstabellen sind dann vorteilhaft, wenn die Zahl der Bedingungs- und Aktionszeilen kleiner ist als bei der Verwendung von begrenzten Entscheidungstabellen, was die Übersichtlichkeit einer ET verbessert.

	Gemischte ET zur Berechnung des Mindestbremswegs eines Kraftfahrzeugs	Regel 1	Regel 2	Regel 3
6	Fahrgeschw. kleiner 50 km/h	J	J	N
	Reifenzustand	neu	1 mm	1 mm
	Straßenzustand	trocken	naß	naß
	Bremswirkung	4 Räder	4 Räder	2 Räder
	Haftreibungsz. =	0,85	0,5	0,2
	Max. Verzögerung =	10 · Haftr.	10 · Haftr.	5 · Haftr.
	Mindestbremsweg = (Fahrgeschw.)^2/26 · max. Verzögerung	X	X	X

Abb. 1.17 Beispiel einer gemischten Entscheidungstabelle

Es ist immer möglich, eine erweiterte oder gemischte ET in eine begrenzte umzuformen, indem man bei jeder erweiterten Bedingungszeile die Bedingung mit dem Teil, der im Bedingungsanzeigeteil steht, vollständig im Bedingungsteil aufführt, und im Bedingungsanzeigeteil in die betreffende Regel ein Ja, in alle anderen Regeln eine Leerstelle einträgt. Entsprechendes gilt für die Aktionen.

Beispiel:

Umwandlung der erweiterten ET der Abb. 1.15 in eine begrenzte, ergibt die ET 7 (Abb. 1.18).

		R1	R2	R3
7	Fahrgeschw. kleiner 50 km/h	J	J	–
	Fahrgeschw. größer oder gleich 50 km/h	–	–	J
	Reifenzustand: neu	J	–	–
	Reifenzustand: 1 mm Profil	–	J	J
	Straßenzustand: trocken	J	–	–
	Straßenzustand: naß	–	J	J
	Bremswirkung: 4 Räder	J	J	–
	Bremswirkung: 2 Räder	–	–	J
	Haftreibungszahl = 0,85	X		
	Haftreibungszahl = 0,5		X	
	Haftreibungszahl = 0,2			X
	Max. Verz. = 10 · Haftreibungszahl	X	X	
	Max. Verz. = 5 · Haftreibungszahl			X
	Mindestbremsweg = (Fahrgeschw.)^2/(26 · max. Verz.)	X	X	X

Abb. 1.18

Man sieht sofort, daß die begrenzte ET 7 nicht mehr die ET der Abb. 1.11 ist. Sie besitzt zwar auch 3 Regeln, die aber alle komplex sind. In den einzelnen Regeln werden alle überflüssigen Abfragen der Bedingungen wie „Reifenzustand: neu“ und „Reifenzustand: 1 mm Profil“ (vgl. Regel 1 in Abb. 1.11) unterlassen. Statt insgesamt 21 mal die Bedingungen abzufragen wie in der ET der Abb. 1.11, werden hier die Bedingungen nur 12 mal abgefragt. Die ET wird dadurch einfacher und übersichtlicher.

Bei der Umwandlung einer erweiterten oder gemischten ET in eine begrenzte ET vergrößert sich die Zahl der Bedingungs- und Aktionszeilen oder bleibt konstant; die Zahl der Regeln ändert sich nicht.

Bedingungslose Entscheidungstabelle

Die bedingungslose Entscheidungstabelle ist für den Fall gedacht, daß bestimmte Aktionen unbedingt ausgelöst werden sollen, unabhängig von irgendwelchen Bedingungen. Diese ET besitzt keinen Bedingungsteil und beginnt unmittelbar mit dem Aktionsteil. Deshalb besitzt eine bedingungslose ET nur eine Regel, und die Aktionen werden in der Reihenfolge ausgelöst, wie sie in der ET angegeben sind.

Beispiel:

Autoritäre Schulregel

8	Gerade sitzen	X
	Ohren spitzen	X
	Hände falten	X
	Schnabel halten	X

Abb. 1.19

2. Grundlagen der Entscheidungstabellentechnik

Wenn man versucht, für ein Problem eine Entscheidungstabelle aufzustellen, weiß man am Anfang nicht so recht, wieviele und welche Bedingungskombinationen man als Regel in den Bedingungsanzeigeteil der Entscheidungstabelle aufnehmen soll, damit man vom Problem her gesehen nicht zu wenig und von der Entscheidungstabelle her keine überflüssigen Regeln erhält. In diesem Kapitel werden anhand eines Beispiels zwei grundlegende Methoden gezeigt, um eine Entscheidungstabelle aufzustellen, sie auf Vollständigkeit zu prüfen und sie zu vereinfachen. Dabei wurde das Beispiel so einfach gewählt – es betrifft die Eintrittspreise eines Schwimmbads –, daß es vom Inhalt her keinerlei Verständnisschwierigkeiten enthält. Das Beispiel soll nicht eine besonders gute Anwendungsmöglichkeit einer Entscheidungstabelle darstellen, sondern dient nur zur Verdeutlichung der Regeln, die man beim Aufstellen einer Entscheidungstabelle beachten muß.

2.1 Zwei Methoden zum Aufstellen einer Entscheidungstabelle

Bei der Definition, Analyse und Lösung eines Problems in Entscheidungstabellen hat man zunächst die Schwierigkeit, daß das Problem in einer verbalen Beschreibung vorliegt, wobei die Ausdrucksweise unklar sein kann, und die Bedingungen und Aktionen durcheinander stehen können. Für einen in der ET-Technik Ungeübten ist deshalb der erste Schritt, aus einem vorgelegten Text die Bedingungen und Aktionen herauszuziehen und getrennt aufzuschreiben.

Beispiel: Eintrittskartenverkauf an einem Schwimmbad

> Kinder unter 14 Jahren zahlen DM 1,–, Jugendliche bis 18 Jahre DM 1,50 und Erwachsene DM 2,–. Als Gruppe von mindestens 10 Personen zahlen Kinder DM 0,50, Jugendliche DM 1,– und Erwachsene DM 1,50. Schüler, Studenten und Lehrlinge ohne Altersbegrenzung zahlen den Kindertarif.

In dem Beispiel sind die folgenden Bedingungen und Aktionen enthalten:

Bedingungen:

Kinder unter 14 Jahren	d. h. Alter unter 14
Jugendliche bis 18 Jahre	d. h. Alter bis 18

Erwachsene	d. h. Alter über 18
Gruppe von mindestens 10 Pers.	kurz: Gruppe
Schüler, Studenten, Lehrlinge	kurz: Schüler

Aktionen

Eintrittspreis 1,– DM
1,50 DM
2,– DM
0,50 DM

Anhand der Anzahl der Bedingungen läßt sich dann die Frage beantworten, ob es sich überhaupt lohnt, das Problem in einer ET darzustellen. Man kann als Regel folgendes sagen:

Die ET-Technik soll nur dann für ein Problem angewandt werden, wenn das Produkt aus der Anzahl der Bedingungen und der Anzahl der durch die ET abzudeckenden Bedingungskombinationen – das sind die Regeln – größer oder gleich 6 ist.

Das angegebene Beispiel besitzt 3 voneinander unabhängige Bedingungen (Alter, Gruppe, Schüler), und sicherlich sind mehr als 2 Bedingungskombinationen abzudecken, also ist es nach der eben genannten Regel sinnvoll, eine ET für das Problem zu entwickeln.

Grundsätzlich gibt es zwei Methoden, eine ET für ein Problem aufzustellen.

Methode 1: Man schreibt die Bedingungen und Aktionen in eine ET, trägt in den Bedingungsanzeigeteil sämtliche überhaupt möglichen Bedingungskombinationen ein und kreuzt im Aktionsanzeigeteil die zugehörigen Aktionsfolgen an. Anschließend faßt man, wenn möglich, verschiedene Bedingungskombinationen zu einer Regel zusammen, und vereinfacht die Regeln durch Beachten der Abhängigkeit der Bedingungen untereinander und der „links vor rechts"-Abarbeitungsvorschrift.

Methode 2: Man schreibt die Bedingungen und Aktionen in eine ET und trägt in den Bedingungs- und Aktionsanzeigeteil nur die Bedingungskombinationen und zugehörigen Aktionsfolgen ein, die durch das Problem gegeben sind. Anschließend wird die ET auf Vollständigkeit geprüft und wie in Methode 1 vereinfacht.

Bei beiden Methoden muß man darauf achten, daß die ETn nicht zu umfangreich werden, wobei man sagt, daß eine ET höchstens 16 Regeln besitzen soll. Andernfalls muß man versuchen, das Problem in Teilprobleme zu zerlegen. Es stellt sich also die Frage: Wieviele verschiedene Regeln kann eine ET mit n Bedingungen maximal haben?

2.1.1 Die möglichen Bedingungskombinationen

Zunächst soll die Zahl der möglichen Bedingungskombinationen einer begrenzten ET festgestellt werden. Eine begrenzte ET mit 2 Bedingungen besitzt maximal $2^2 = 4$ verschiedene Regeln (ET 10 in Abb. 2.1).

		R1	R2	R3	R4
10	Bedingung 1	J	J	N	N
	Bedingung 2	J	N	J	N
	Aktionen	Aktionsanzeigeteil			

Abb. 2.1

Ganz entsprechend gilt für eine begrenzte ET mit drei Bedingungen, daß sie $2^3 = 8$ verschiedene Regeln hat (ET 11 in Abb. 2.2).

		R1	R2	R3	R4	R5	R6	R7	R8
11	Bedingung 1	J	J	J	J	N	N	N	N
	Bedingung 2	J	J	N	N	J	J	N	N
	Bedingung 3	J	N	J	N	J	N	J	N
	Aktionen	Aktionsanzeigeteil							

Abb. 2.2

Allgemein gilt: Eine begrenzte ET mit n Bedingungen besitzt maximal 2^n verschiedene Regeln. Man erhält diese 2^n verschiedenen Regeln, wenn man im Bedingungsanzeigeteil der k-ten Bedingung ($k = 1, 2, \ldots, n$) die ersten 2^{n-k} Regeln mit „J" kennzeichnet, die nächsten 2^{n-k} Regeln mit „N", dann wieder 2^{n-k} Regeln mit „J" usw. bis alle 2^n Regeln der k-ten Bedingungszeile ein „J" oder „N" besitzen.

Für die Zahl der möglichen Bedingungskombinationen einer erweiterten oder gemischten ET gilt folgendes:

Eine gemischte ET mit 2 Bedingungen, deren erste Bedingungszeile begrenzt ist (2 Zustände: Ja und Nein) und deren zweite Bedingungszeile 3 Zustände hat (z. B. kleiner, gleich, größer), besitzt maximal 2 mal 3 = 6 verschiedene Regeln (ET 13 in Abb. 2.3).

		R1	R2	R3	R4	R5	R6
13	Bedingung 1	J	J	J	N	N	N
	Bedingung 2	<	=	>	<	=	>
	Aktionen	Aktionsanzeigeteil					

Abb. 2.3

Der Übersicht wegen wurden bei ET 13 (Abb. 2.3) in Bedingung 2 nur die Operatoren mit der Bezeichnung „<" für kleiner, „>" für größer und „=" für gleich aufgeführt.

Eine gemischte ET mit drei Bedingungen, von denen zwei einen begrenzten Bedingungsanzeiger haben, und die dritte drei Zustände hat, besitzt maximal $2 \cdot 3 \cdot 2 = 12$ verschiedene Regeln (ET 14 in Abb. 2.4).

		R1	R2	R3	R4	R5	R6	R7	R8	R9	R10	R11	R12
14	Bedingung 1	J	J	J	J	J	J	N	N	N	N	N	N
	Bedingung 2	<	<	=	=	>	>	<	<	=	=	>	>
	Bedingung 3	J	N	J	N	J	N	J	N	J	N	J	N
	Aktionen	Aktionsanzeigeteil											

Abb. 2.4

Allgemein gilt: Eine erweiterte oder gemischte ET mit n Bedingungen, die die Zustände Z1, Z2, . . ., Zn haben, besitzt maximal R = Z1 · Z2 · . . . · Zn verschiedene Regeln. Man erhält diese R verschiedenen Regeln, wenn man im Bedingungsanzeigeteil der k-ten Bedingung (k = 1, 2, . . ., n – 1) die ersten Z(k + 1) · Z(k + 2) · . . . · Zn Regeln mit dem ersten Zustand der Zustände der k-ten Bedingung kennzeichnet, die nächsten Z(k + 1) · Z(k + 2) · . . . · Zn Regeln mit dem zweiten Zustand der k-ten Bedingung usw. und in der letzten Bedingungszeile die Zn Zustände alternierend in den Bedingungsanzeigeteil einträgt. (Für Z1 = Z2 = . . . = Zn = 2 ist dies wieder die Aussage für die begrenzte ET).

2.1.2 Aufstellen einer begrenzten ET nach der 1. Methode

Um das angegebene Beispiel des Eintrittskartenverkaufs nach der 1. Methode in einer begrenzten ET darzustellen, hat man, wie bereits festgestellt, 5 Bedingungen zu beachten (Alter unter 14, Alter bis 18, Alter über 18, Gruppe, Schüler). Es genügen aber 4 Bedingungen, denn die Bedingung „Alter über 18" wird durch die Negation der Bedingung „Alter unter 14" und „Alter bis 18" abgedeckt. Die begrenzte ET für das Beispiel besitzt also maximal $2^4 = 16$ verschiedene Regeln (ET 9 in Abb. 2.5).

		R1	R2	R3	R4	R5	R6	R7	R8	R9	R10	R11	R12	R13	R14	R15	R16
9	Unter 14	J	J	J	J	J	J	J	J	N	N	N	N	N	N	N	N
	Bis 18	J	J	J	J	N	N	N	N	J	J	J	J	N	N	N	N
	Gruppe	J	J	N	N	J	J	N	N	J	J	N	N	J	J	N	N
	Schüler	J	N	J	N	J	N	J	N	J	N	J	N	J	N	J	N
	Eintritt																
	DM 0,50	X	X							X				X			
	DM 1,–			X	X						X	X				X	
	DM 1,50												X		X		
	DM 2,–																X
	Fehler					X	X	X	X								

Abb. 2.5

In ET 9 (Abb. 2.5) wird die Bedingung „Alter über 18" durch die Regeln 13 bis 16 abgedeckt.

Die Aktion „Fehler" soll anzeigen, daß die Bedingungskombinationen der Regeln 5, 6, 7 und 8 keine eingebbaren Bedingungskombinationen für die ET 9 sind (vgl. 1.4.1); man kann nicht gleichzeitig jünger als 14 und älter als 18 Jahre sein usw. Demnach entfallen die Regeln 5, 6, 7 und 8 aus der ET 9.

Der nächste Schritt nach Methode 1 besteht darin, die Bedingungskombinationen der begrenzten ET zusammenzufassen.

2.1.3 Konsolidierung einer ET mit begrenztem Bedingungsanzeigeteil

Lösen zwei benachbarte Regeln einer ET mit begrenztem Bedingungsanzeigeteil dieselben Aktionen aus, und unterscheiden sich die Bedingungsanzeigeteile der beiden Regeln genau in einer Bedingung, dann kann man die beiden Regeln zu einer zusammenfassen, wobei die unterschiedlichen Bedingungsanzeiger durch eine Leerstelle ersetzt werden.

Betrachtet man nämlich benachbarte Regeln eines begrenzten Bedingungsanzeigeteiles, die sich nur in einer Bedingungszeile unterscheiden und dieselben Aktionen auslösen, dann kann man 6 Regelpaare unterscheiden:

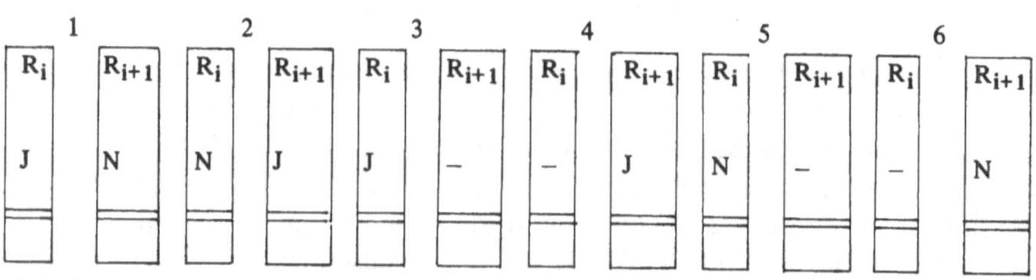

Abb. 2.6

Dabei sind in den beiden Regeln eines jeden Regelpaares nur die sie unterscheidenden Bedingungsanzeiger eingetragen.

Das Regelpaar 4 und 6 kann man jeweils zu der Regel R_i zusammenfassen, denn jede eingegebene Bedingungskombination, die die Regel R_{i+1} erfüllt, erfüllt auch die Regel R_i. Entsprechendes gilt auch für die Regelpaare 3 und 5, die man je zur Regel R_{i+1} zusammenfassen kann.

Aber auch die Regelpaare 1 und 2 lassen sich zusammenfassen, wenn man in den betreffenden Bedingungsanzeiger eine Leerstelle setzt, denn jede eingegebene Bedingungskombination, die mit der Bedingungskombination der Regel R_i oder R_{i+1} bis auf diese Bedingungszeile übereinstimmt, löst immer dieselbe Aktionsfolge aus. Die Bedingung spielt also für das Auslösen der Aktionsfolge gar keine Rolle.

In der ET 9 (Abb. 2.5) können demnach die folgenden Regeln zusammengefaßt werden: Regel 1 und 2, Regel 3 und 4. Setzt man außerdem die Eintrittspreise in den Aktionsanzeigeteil, so erhält man eine ET mit 10 Regeln (ET 16 in Abb. 2.7).

		R1	R2	R3	R4	R5	R6	R7	R8	R9	R10
16	Alter unter 14	J	J	N	N	N	N	N	N	N	N
	Alter bis 18	J	J	J	J	J	J	N	N	N	N
	Gruppe	J	N	J	J	N	N	J	J	N	N
	Schüler	–	–	J	N	J	N	J	N	J	N
	Eintritt (DM)	0,50	1,–	0,50	1,–	1,–	1,50	0,50	1,50	1,–	2,–

Abb. 2.7

Es stellt sich die Frage, darf man auch die nicht benachbarten Regeln 3 und 7 oder die Regeln 5 und 9 der ET 16 zusammenfassen? Daß dies nicht ohne weiteres erlaubt ist, zeigt schon das einfache Gegenbeispiel der ET 47 (Abb. 2.8)

Auswahl der Verpackungsart		R1	R2	R3
47	Länge kleiner 50 cm	J	–	N
	Breite kleiner 30 cm	–	J	–
	Höhe kleiner 20 cm	J	–	J
	Kistentyp =	1	2	1

Abb. 2.8

Faßt man in der ET 47 die Regeln 1 und 3 zu einer Regel 1 zusammen, dann entsteht die ET 48.

		R1	R2
48	Länge kleiner 50 cm	–	–
	Breite kleiner 30 cm	–	J
	Höhe kleiner 20 cm	J	–
	Kistentyp =	1	2

Abb. 2.9

Man erhält unter Beachtung der „links vor rechts"-Abarbeitungsvorschrift einer ET für die Eingabekombination N J J den Kistentyp 1 anstatt 2, wie in der ursprünglichen ET 47 gefordert wird. Auch das Zusammenfassen der Regeln 1 und 3 zur neuen Regel 2 hilft nichts, denn dann erhält man für die Eingabekombination J J J den Kistentyp 2 an Stelle von Kistentyp 1, wie die ET 49 zeigt.

		R1	R2
49	Länge kleiner 50 cm	–	–
	Breite kleiner 30 cm	J	–
	Höhe kleiner 20 cm	–	J
	Kistentyp =	2	1

Abb. 2.10

Betrachtet man wieder die zuletzt aufgestellte ET 16 Abb. 2.7 für das Schwimmbadbeispiel, dann kann man z. B. Regel 3 und 7 zusammenfassen, wenn man weiß, ob die Regel 7 zunächst mit der Regel 6, dann mit der Regel 5 und schließlich mit der Regel 4 vertauscht werden darf, denn dann sind die alten Regeln 3 und 7 benachbart. Die Konsolidierung von nicht benachbarten Regeln einer ET hängt also mit der Vertauschbarkeit der Regeln in einer ET zusammen.

2.1.4 Vertauschbarkeit der Regeln

Zwei *benachbarte* Regeln einer ET sind dann vertauschbar, wenn keine eingebbare Bedingungskombination (1.4.1) existiert, die die beiden Regeln erfüllt, denn dann ist es trotz „links vor rechts"-Abarbeitungsvorschrift gleichgültig, ob man zunächst die Bedingungen des linken oder des rechten Nachbarn auf Erfülltsein abprüft.

Zwei benachbarte Regeln einer ET mit *begrenztem* Bedingungsanzeigeteil sind sicherlich dann vertauschbar, wenn mindestens in einer Bedingungszeile der beiden

Regeln eine der beiden Kombinationen J N oder N J vorkommt, denn dann existiert keine Bedingungskombination, die beide Regeln erfüllt.

Es können aber auch zwei benachbarte Regeln vertauschbar sein, die nicht eine solche Kombination enthalten, wie man an dem folgendem Beispiel sieht:

		R1	R2	R3
24	Alter unter 14 Alter über 18	J –	– J	N N
	Eintritt	0,50	2,–	1,50

Abb. 2.11

Regel 2 und 3 sind vertauschbar, denn sie sind benachbart und enthalten die Kombination J N.

Die Regeln 1 und 2 sind ebenfalls vertauschbar, denn sie sind benachbart, und die Bedingungskombination J J, die beide Regeln erfüllen würde, ist für die ET 24 nicht eingebbar (vgl. 1.4.1).

Ganz entsprechendes gilt für eine ET mit erweiterten Bedingungsanzeigern. In ihr sind zwei benachbarte Regeln vertauschbar, wenn sie mindestens in einer Bedingungszeile einander ausschließende Zustände enthalten. Zwei nicht benachbarte Regeln einer ET sind dann vertauschbar, wenn sie durch Vertauschungen von benachbarten Regeln ineinander überführt werden können.

Beispiel:

		R1	R2	R3
44	Länge kleiner 50 cm Breite kleiner 30 cm Höhe kleiner 20 cm	J J J	N J J	N N J
	Kistentyp =	1	2	3

Abb. 2.12

Die Regeln 1 und 3 sind vertauschbar, denn Regel 1 ist mit Regel 2 und 3, und Regel 3 mit Regel 2 vertauschbar.

Dagegen ist in der vereinfachten ET 45 (Abb. 2.13) die Regel 1 *nicht* mit Regel 3 vertauschbar.

		R1	R2	R3
45	Länge kleiner 50 cm	J	N	N
	Breite kleiner 30 cm	J	J	–
	Höhe kleiner 20 cm	J	J	J
	Kistentyp =	1	2	3

Abb. 2.13

Die Regeln 1 und 3 enthalten zwar in der ersten Bedingungszeile eine J N Kombination, sind aber trotzdem nicht vertauschbar, da R2 und R3 nicht vertauschbar sind.

Kehrt man zur ET 16 (Abb. 2.7) des Schwimmbadbeispiels zurück, dann kann man nach dem Gesagten die ET 16 durch Vertauschung so umformen, daß die Regel 7 Nachbar der Regel 3 und die Regel 9 Nachbar der Regel 5 wird. Durch Zusammenfassen der beiden neuen Nachbar-Regeln ergibt sich die ET 61 (Abb. 2.14).

		R1	R2	R3	R4	R5	R6	R7	R8
61	Alter unter 14	J	J	N	N	N	N	N	N
	Alter bis 18	J	J	–	J	–	J	N	N
	Gruppe	J	N	J	J	N	N	J	N
	Schüler	–	–	J	N	J	N	N	N
	Eintritt (DM)	0,50	1,–	0,50	1,–	1,–	1,50	1,50	2,–

Abb. 2.14 Beispiel einer durch Konsolidierung und Vertauschung der Regeln vereinfachten Entscheidungstabelle

2.1.5 Vereinfachung auf Grund abhängiger Bedingungen

Will man eine ET nach ihrer Konsolidierung noch weiter vereinfachen, dann kann man zunächst die eventuell vorhandenen Abhängigkeiten zwischen den Bedingungen der ET (3.2) ausnützen. Dies sei an der ET 61 der Abb. 2.14 gezeigt.

Man kann im Bedingungsanzeigeteil der Regeln 1 und 2 der zweiten Bedingung der ET 61 jeweils das „J“ durch eine Leerstelle ersetzen, denn wenn die Bedingung „Alter unter 14“ erfüllt ist, muß die Bedingung „Alter bis 18“ nicht mehr abgeprüft werden. Entsprechendes gilt für den Bedingungsanzeigeteil der Regeln 7 und 8 der ersten Bedingung. Man erhält also durch diese Vereinfachung die ET 62 (Abb. 2.15).

		R1	R2	R3	R4	R5	R6	R7	R8
62	Alter unter 14	J	J	N	N	N	N	–	–
	Alter bis 18	–	–	–	J	–	J	N	N
	Gruppe	J	N	J	J	N	N	J	N
	Schüler	–	–	J	N	J	N	N	N
	Eintritt	0,50	1,–	0,50	1,–	1,–	1,50	1,50	2,–

Abb. 2.15

2.1.6 Vereinfachung mit Hilfe der „links vor rechts"-Abarbeitungsvorschrift

Den entscheidenden Schritt zur Vereinfachung einer ET und damit zur Verbesserung der Lesbarkeit und Übersichtlichkeit stellt der letzte Arbeitsschritt sowohl in Methode 1 als auch in Methode 2 dar: die Anwendung der „links vor rechts"-Abarbeitungsvorschrift für eine ET (1.4.3). Durch sie kann man oft einen großen Teil der im Bedingungsanzeigeteil angegebenen Größen durch Leerstellen ersetzen. Dabei muß man folgendes beachten:

Ersetzt man in einer Regel einer ET ein „J", ein „N" oder einen Teil einer Bedingung durch eine Leerstelle, dann verändert man die ET auf Grund der „links vor rechts"-Abarbeitungsvorschrift nicht, wenn die neu hinzukommenden Bedingungskombinationen, die jetzt zusätzlich durch die veränderte Regel abgedeckt werden, bereits durch weiter links stehende Regeln abgedeckt sind.

Beispiel:

Ersetzt man in der Regel

R_i
J
J
N
J
N

Abb. 2.16

die „N“ durch „–“

R_i
J
J
–
J
–

Abb. 2.17

dann ändert sich die ET nicht, wenn die Bedingungskombinationen J J J J N, J J J J J und J J N J J, die jetzt zusätzlich die Regel R_i erfüllen, bereits durch die Regeln R1 bis R_{i-1} abgedeckt sind.

Diese Vereinfachung mit Hilfe der „links vor rechts“-Abarbeitungsvorschrift soll jetzt ausführlich Schritt für Schritt an der ET 62 in Abb. 2.15 demonstriert werden, wobei zur Vereinfachung der Schreibweise nur noch der Bedingungsanzeigeteil der ET 62 gezeigt wird. Ausgangspunkt ist also der Bedingungsanzeigeteil:

R1	R2	R3	R4	R5	R6	R7	R8
J	J	N	N	N	N	–	–
–	–	–	J	–	J	N	N
J	N	J	J	N	N	J	N
–	–	J	N	J	N	N	N

Abb. 2.18

Zunächst kann man das „N“ in Regel 2 durch eine Leerstelle ersetzen, denn alle eingegebenen Bedingungskombinationen mit Ja für die erste und Ja für die dritte Bedingung werden durch die Regel 1 abgedeckt. (Man beachte, daß man Regel 1 und 2 nicht zusammenfassen kann, denn die zugehörigen Aktionen sind verschieden).

R1	R2	R3	R4	R5	R6	R7	R8
J	J	N	N	N	N	–	–
–	–	–	J	–	J	N	N
J	–	J	J	N	N	J	N
–	–	J	N	J	N	N	N

Abb. 2.19

Nun können alle „N“ in der ersten Bedingungszeile wegfallen, denn jede Bedingungskombination mit Ja für die erste Bedingung wird spätestens mit der Regel 2 abgedeckt.

R1	R2	R3	R4	R5	R6	R7	R8
J	J	–	–	–	–	–	–
–	–	–	J	–	J	N	N
J	–	J	J	N	N	J	N
–	–	J	N	J	N	N	N

Abb. 2.20

In der Regel 4 kann das Nein wegfallen, denn alle eingegebenen Bedingungskombinationen mit Ja für die zweite, dritte und vierte Bedingung werden durch die Regel 3 abgedeckt.

R1	R2	R3	R4	R5	R6	R7	R8
J	J	–	–	–	–	–	–
–	–	–	J	–	J	N	N
J	–	J	J	N	N	J	N
–	–	J	–	J	N	N	N

Abb. 2.21

In der Regel 5 entfällt ebenfalls das Nein, denn alle eingegebenen Bedingungskombinationen mit Ja für die dritte und vierte Bedingung erfüllen bereits die Regel 3.

R1	R2	R3	R4	R5	R6	R7	R8
J	J	–	–	–	–	–	–
–	–	–	J	–	J	N	N
J	–	J	J	–	N	J	N
–	–	J	–	J	N	N	N

Abb. 2.22

In der Regel 6 sind die beiden „N“ überflüssig. Alle Bedingungskombinationen mit Ja für die zweite und dritte Bedingung erfüllen die Regel 4, und alle Bedingungskombinationen mit Ja für die zweite und vierte Bedingung werden durch die Regel 5 abgedeckt. Dasselbe gilt für die beiden „N“ in Regel 7.

R1	R2	R3	R4	R5	R6	R7	R8
J	J	–	–	–	–	–	–
–	–	–	J	–	J	–	N
J	–	J	J	–	–	J	N
–	–	J	–	J	–	–	N

Abb. 2.23

Schließlich entfallen in der Regel 8 alle drei „N“, wenn man die Regeln 5, 6 und 7 mit in Betracht zieht. Als endgültige mit Hilfe der „links vor rechts“-Abarbeitungsvorschrift vereinfachte ET 62 (Abb. 2.15) ergibt sich demnach die ET 63 in Abb. 2.24

		R1	R2	R3	R4	R5	R6	R7	R8
63	Alter unter 14	J	J	–	–	–	–	–	–
	Alter bis 18	–	–	–	J	–	J	–	–
	Gruppe	J	–	J	J	–	–	J	–
	Schüler	–	–	J	–	J	–	–	–
	Eintritt (DM)	0,50	1,–	0,50	1,–	1,–	1,50	1,50	2,–

Abb. 2.24 Druch die „links vor rechts“-Abarbeitungsvorschrift vereinfachte Form einer Entscheidungstabelle

Es sei noch einmal ausdrücklich darauf hingewiesen, daß die ET 63 in Abb. 2.24 in ihrer vereinfachten Form nur sinnvoll ist, wenn man die „links vor rechts“-Abarbeitungsvorschrift als Grundregel für Entscheidungstabellen festsetzt. Ohne diese Vorschrift ist diese Entscheidungstabelle sinnlos, denn sie legt nicht mehr eindeutig fest, welche Aktionen bei einer eingegebenen Bedingungskombination ausgelöst werden sollen. In diesem Fall muß man sich mit der ET 61 in Abb. 2.14 als einer ET für das angegebene Schwimmbad-Beispiel zufriedengeben, die weniger leicht lesbar und übersichtlich ist als die vereinfachte ET in Abb. 2.24.

Da hier die „links vor rechts“-Abarbeitungsvorschrift gilt, ist die ET 63 der Abb. 2.24 eine Entscheidungstabelle mit begrenztem Bedingungsanzeigeteil für das Schwimmbad-Beispiel, bei der sichergestellt ist, daß sie alle eingebbaren Bedingskombinationen abdeckt und keine überflüssigen Regeln enthält, denn sie wurde aus einer ET hergeleitet, in der alle möglichen Bedingungskombinationen für 4 Bedingungen genau einmal eingetragen waren.

2.1.7 Aufstellen einer gemischten Entscheidungstabelle nach der 1. Methode

In diesem Abschnitt soll das Eintrittskartenverkaufs-Beispiel nach der 1. Methode (2.1) in einer gemischten ET dargestellt werden. Dazu sind drei Bedingungen zu berücksichtigen, nämlich Alter, Gruppe und Schüler, wobei die erste Bedingung drei, die beiden anderen je zwei Zustände einnehmen. Die gemischte ET für das Beispiel besitzt nach 2.1.1 maximal 3 mal 2 mal 2 = 12 verschiedene Regeln (ET 8 in Abb. 2.25).

		R1	R2	R3	R4	R5	R6	R7	R8	R9	R10	R11	R12
8	Alter	< 14	< 14	< 14	< 14	≤ 18	≤ 18	≤ 18	≤ 18	> 18	> 18	> 18	> 18
	Gruppe	J	J	N	N	J	J	N	N	J	J	N	N
	Schüler	J	N	J	N	J	N	J	N	J	N	J	N
	Eintritt	0,50	0,50	1,–	1,–	0,50	1,–	1,–	1,50	0,50	1,50	1,–	2,–

Abb. 2.25

In der ET 8 ist der Vereinfachung wegen „Alter unter 14" durch „Alter < 14", „Alter bis 18" durch „Alter ≤ 18" und „Alter über 18" durch „Alter > 18" ersetzt worden.

Man beachte, daß die in der ET 9 (Abb. 2.5) zunächst aufgetretenen „Fehler"-Aktionen in der ET 8 von vornherein nicht auftreten.

Für die Zusammenfassung einer gemischten ET gilt die folgende Regel:

Konsolidierung einer ET mit erweitertem oder gemischtem Bedingungsanzeigeteil:

Lösen k benachbarte Regeln einer ET mit erweitertem oder gemischtem Bedingungsanzeigeteil dieselben Aktionen aus, und unterscheiden sich die Bedingungsanzeiger der k Regeln genau in einer Bedingung, die alle möglichen Bedingungsanzeigeformen in den k Regeln annimmt, dann kann man die k Regeln zu einer zusammenfassen, wobei die unterschiedlichen Bedingungsanzeiger durch eine Leerstelle ersetzt werden.

Der Beweis der Regel ist ganz entsprechend wie bei der Konsolidierung für begrenzte Bedingungsanzeigeteile (2.1.3) zu führen.

Nach dieser Konsolidierungsregel können in der ET 8 (Abb. 2.25) zunächst die benachbarten Regeln 1 und 2 bzw. 3 und 4 zusammengefaßt werden.

Die Regel 9 ist nach der Vertauschungsregel (2.1.4) mit den Regeln 8, 7 und 6 vertauschbar, ebenso die Regel 11 mit Regel 10 und 8. Man kann also auch die Regeln 5 und 9 bzw. 7 und 11 zusammenfassen und erhält die folgende ET 81 (Abb. 2.26).

		R1	R2	R3	R4	R5	R6	R7	R8
81	Alter	< 14	< 14	–	≤ 18	–	≤ 18	> 18	> 18
	Gruppe	J	N	J	J	N	N	J	N
	Schüler	–	–	J	N	J	N	N	N
	Eintritt	0,50	1,–	0,50	1,–	1,–	1,50	1,50	2,–

Abb. 2.26

Mit Hilfe der „links vor rechts"-Abarbeitungsvorschrift läßt sich die ET 81 wieder vereinfachen (vgl. ET 63 in Abb. 2.24) zu der endgültigen Form der ET 82 (Abb. 2.27).

		R1	R2	R3	R4	R5	R6	R7	R8
82	Alter	< 14	< 14	–	≤ 18	–	≤ 18	–	–
	Gruppe	J	–	J	J	–	–	J	–
	Schüler	–	–	J	–	J	–	–	–
	Eintritt	0,50	1,–	0,50	1,–	1,–	1,50	1,50	2,–

Abb. 2.27

Die Regel 8 der ET 82 ist wieder die ELSE-Regel (2.3). Die ET 82 erhält man aus der ET 63 in Abb. 2.24, wenn man in der ET 63 die ersten beiden Bedingungszeilen zu einer Bedingungszeile mit erweitertem Bedingungsanzeigeteil zusammenfaßt. Umgekehrt erhält man aus der ET 82 wieder die ET 63 (Abb. 2.24), wenn man in der ET 82 die erste Bedingungszeile in zwei Bedingungszeilen mit begrenztem Bedingungsanzeigeteil aufspaltet.

2.1.8 Aufstellen einer Entscheidungstabelle nach der 2. Methode

Die bisher angewandte Methode 1, um eine ET aufzustellen, ist nur dann praktikabel, wenn die Zahl der Bedingungen nicht größer als 4 ist, denn schon für 5 Bedingungen sind $2^5 = 32$ Bedingungskombinationen aufzuschreiben, was einen großen Schreibaufwand bedeutet. Auf der anderen Seite ist es für den Anfänger einfacher, nach der Methode 1 eine ET aufzustellen als nach der Methode 2, denn er hat dabei ohne zusätzliche Prüfungen die Gewißheit, daß seine ET vollständig ist und keine Redundanzen oder Widersprüche enthält (3.1). Deshalb sollte man am Anfang zur Übung ein paar kleinere ETn nach der 1. Methode aufstellen oder, wenn man sich schon gleich an ein größeres Problem wagt, dieses in kleinere Teilprobleme aufspalten und die daraus nach der 1. Methode entstandenen ETn gemäß 2.4 miteinander verknüpfen.

Will man eine ET mit mehr als 4 Bedingungen aufstellen, wobei vom Problem her nicht alle möglichen Bedingungskombinationen interessieren, dann sollte man nach der 2. Methode vorgehen. Dazu schreibt man nur diejenigen Bedingungskombinationen und zugehörigen Aktionsfolgen in eine ET, die durch das Problem gegeben sind. Dabei sollte man darauf achten, daß jedes Regelpaar zunächst in mindestens einer Bedingungszeile des Bedingungsanzeigeteils sich einander ausschließende Zustände besitzt, denn dann sind in der ET keine überflüssigen Regeln enthalten, und die Regeln der ET sind beliebig untereinander vertauschbar (3.1).

Die Anwendung der Methode 2 sei wieder an dem schon bekannten Schwimmbad-Beispiel demonstriert.

Man fragt zunächst, welche Bedingungskombinationen lösen die Aktion „Eintritt gleich DM 0,50" aus (vgl. Text der Aufgabe in 2.1)? Das sind die Kombinationen:

(1) „Alter unter 14" und „Gruppe"
(2) „Schüler" und „Gruppe"

Für das Auslösen der Aktion „Eintritt gleich DM 1,–" sind zuständig:

(3) „Alter unter 14" und „Keine Gruppe"
(4) „Alter nicht unter 14" und „Alter bis 18" und „Gruppe" und „Keine Schüler"
(5) „Alter nicht unter 14" und „Keine Gruppe" und „Schüler"

Die Aktion „Eintritt gleich DM 1,50" wird ausgelöst durch:

(6) „Alter nicht unter 14" und „Alter bis 18" und „Keine Gruppe" und „Keine Schüler"
(7) „Alter über 18" und „Gruppe" und „Keine Schüler"

Schließlich erfordert die Aktion „Eintritt gleich DM 2,–" die Bedingungskombination:

(8) „Alter über 18" und „Keine Gruppe" und „Keine Schüler".

Selbstverständlich schreibt man in der Praxis die gefundenen Bedingungskombinationen (1)–(8) nicht gesondert auf, wie es hier nur zur Veranschaulichung getan wurde, sondern trägt sie unmittelbar als Regeln 1–8 in eine ET ein (ET 15 – Abb. 2.28):

		R1	R2	R3	R4	R5	R6	R7	R8
15	Alter unter 14	J	N	J	N	N	N	N	N
	Alter bis 18	–	–	–	J	–	J	N	N
	Gruppe	J	J	N	J	N	N	J	N
	Schüler	–	J	–	N	J	N	N	N
	Eintritt (DM)	0,50	0,50	1,–	1,–	1,–	1,50	1,50	2,–

Abb. 2.28

Man beachte, daß das „N“ in der Regel 2 der ET 15 nicht von der Bedingungskombination (2) kommt, sondern nachträglich in die ET 15 eingefügt wurde, damit das Regelpaar 1 und 2 mindestens in einer Bedingungszeile einander ausschließende Zustände besitzt. Entsprechendes gilt für das „N“ in der ersten Bedingungszeile der Regel 7 bzw. der Regel 8 (vgl. R1 und R7 bzw. R3 und R8).

In der aufgestellten ET wird nun versucht, mit Hilfe der Konsolidierung (2.1.3) Regelpaare zusammenzufassen, was aber bei der ET 15 nicht möglich ist.

Im Gegensatz zur Methode 1 darf man jetzt nicht schon mit der Vereinfachung der ET mit Hilfe der Abhängigkeit der Bedingungen untereinander und der „links vor rechts“-Abarbeitungsvorschrift beginnen, sondern muß zuerst die ET auf Vollständigkeit prüfen. Man muß feststellen, wieviele Bedingungskombinationen durch die ET nicht abgedeckt werden, und dann entscheiden, ob die eventuell fehlenden Bedingungskombinationen für die gestellte Aufgabe von Bedeutung sind.

Im nächsten Abschnitt wird gezeigt, wie man die Vollständigkeit einer ET nachprüft. Dabei wird als ein Beispiel die obige ET 15 benutzt und festgestellt, daß sie vollständig ist. Sie deckt sämtliche $2^4 = 16$ Bedingungskombinationen und jede nur einmal ab.

Man kann demnach nun die ET 15 (Abb. 2.28) mit Hilfe der Abhängigkeit der Bedingungen und der „links vor rechts“-Abarbeitungsvorschrift ganz entsprechend wie in Methode 1 (2.1.6) vereinfachen. Dazu sei gesagt, daß die ET 15 nach Vertauschung der Regeln 2 und 3, was nach der Vertauschungsregel erlaubt ist, und nach Entfernen der eben für die Vollständigkeitsprüfung eingefügten „N“ in der 1. Bedingungszeile der Regeln 7 und 8, wieder die ET 62 (Abb. 2.15) darstellt.

2.2 Vollständigkeit einer Entscheidungstabelle

Eine ET ist vollständig, wenn alle eingebbaren Bedingungskombinationen (1.4.1) – das sind alle von den Bedingungen her sinnvollen Bedingungskombinationen – durch die angegebenen Regeln der ET abgedeckt werden.

Die einfachste Methode eine unvollständige ET zu vervollständigen, ist die Einführung der ELSE-Regel (2.3). Um aber festzustellen, ob eine ET vollständig ist, die die ELSE-Regel nicht enthält, empfiehlt sich die folgende Methode:

1. Berechnung der möglichen Bedingungskombinationen (2.1.1).
2. Ermitteln der in der ET enthaltenen Bedingungskombinationen.

Es ist klar, daß jede einfache Regel einer ET eine Bedingungskombination abdeckt, nämlich diejenige, die im Bedingungsanzeigeteil der Regel steht. Die Frage ist, wieviele Bedingungskombinationen decken die komplexen Regeln einer ET ab?

Beispiel:

Die komplexe Regel

R_i				
N		N		N
–	deckt die Bedingungskombinationen	J	und	N
J		J		J
J		J		J

Die Anzahl der Bedingungskombinationen ist gleich der Zahl der Bedingungszustände der Bedingungszeile, die die Leerstelle enthält.

Die komplexe Regel

R_i				
J		J		J
–	deckt die Bedingungskombinationen	J	und	N
J		J		J
–		–		–

	J	J	J	J
Diese decken wiederum die Bedingungskombinationen	J	J	N	N
	J	J	J	J
	J	N	J	N

Die Anzahl der Bedingungskombinationen ist gleich der Zahl der Bedingungszustände der 2. Bedingungszeile mal der Zahl der Bedingungszustände der 4. Bedingungszeile.

Jede Leerstelle einer komplexen Regel deckt dieselbe Zahl von Bedingungskombinationen wie die zugehörige Bedingung Zustände in der ET besitzt (1.4.5). Entfernt man eine Leerstelle, was nichts anderes heißt, als daß man die durch die Regel abgedeckten Bedingungskombinationen feststellt, dann muß man die Regel durch die gleiche Anzahl von Regeln ersetzen, wie die zugehörige Bedingung Zustände in der ET besitzt. In jeder der neu gebildeten Regeln kann man auf dieselbe Art wieder eine Leerstelle entfernen usw. Es gilt demnach:

Die Zahl der Bedingungskombinationen, die eine komplexe Regel abdeckt, ist gleich dem Produkt aus der Anzahl der Bedingungszustände der Bedingungszeilen, die die Leerstellen enthalten.

Hiermit kann man die Anzahl der Bedingungskombinationen berechnen, die durch eine ET abgedeckt werden, wenn man sicher ist, daß durch zwei verschiedene Regeln auch immer verschiedene Bedingungskombinationen abgedeckt werden. Ist dies nicht der Fall, dann führt die Berechnung zu einem falschen Ergebnis, wie das folgende Beispiel der ET 17 (Abb. 2.29) zeigt.

		R1	R2
17	Bedingung 1 Bedingung 2 Bedingung 3	J N N	J – N
	Aktionen	Aktionsanzeigeteil	

Abb. 2.29

Für die ET 17 gilt: Regel 1 deckt eine Bedingungskombination. Regel 2 deckt zwei Bedingungskombinationen. Trotzdem deckt die ET 17 zwei Bedingungskombinationen und nicht drei, denn die Bedingungskombination J N N ist sowohl in der Regel 1 als auch in der Regel 2 enthalten.

Die einfachste Art sicherzustellen, daß die Regeln einer ET verschiedene Bedingungskombinationen abdecken, besteht in der Forderung an die ET, daß jedes Regelpaar mindestens in einer Bedingungszeile sich einander ausschließende Zustände besitzt.

Zusammenfassend kann man zu Punkt 2 sagen:

Um die Zahl der in einer ET enthaltenen Bedingungskombinationen festzustellen, ist es am einfachsten, die ET so umzuformen, daß jedes Regelpaar der ET mindestens in einer Bedingungszeile sich einander ausschließende Zustände besitzt. In der so normierten ET wird für jede komplexe Regel das Produkt aus der Anzahl der Bedingungszustände der Bedingungszeilen gebildet, die die Leerstellen enthalten. Die Produkte werden summiert und ergeben zusammen mit der Anzahl der einfachen Regeln die Zahl der durch die ET abgedeckten Bedingungskombinationen.

3. Stimmen die unter 1. und 2. errechneten Werte überein, so ist die ET vollständig. Wenn nicht, muß man die durch die ET nicht abgedeckten Bedingungskombinationen suchen und von ihnen feststellen, ob sie für die gestellte Aufgabe von Interesse sind.

Beispiele:

1. ET 15 von 2.1.8 (Abb. 2.28):

		R1	R2	R3	R4	R5	R6	R7	R8
15	Alter unter 14	J	N	J	N	N	N	N	N
	Alter bis 18	–	–	–	J	–	J	N	N
	Gruppe	J	J	N	J	N	N	J	N
	Schüler	–	J	–	N	J	N	N	N
	Eintritt (DM)	0,50	0,50	1,–	1,–	1,–	1,50	1,50	2,–

Abb. 2.30

1. Mögliche Bedingungskombinationen : $2^4 = 16$
2. Abgedeckte Bedingungskombinationen:
   a) Jedes Regelpaar enthält einander ausschließende Bedingungszustände.
   b) Zahl der Bedingungszustände: Z1 = Z2 = Z3 = Z4 = 2
   Regel 1 deckt 2 mal 2 = 4
   Regel 2 deckt 1 mal 2 = 2
   Regel 3 deckt 2 mal 2 = 4
   Regel 5 deckt 1 mal 2 = 2 Bedingungskombinationen.
   Die Produkte addiert ergibt 12 plus Anzahl der einfachen Regeln (4) ist gleich 16, d. h.: die ET 15 deckt 16 Bedingungskombinationen ab.
3. Aus 1. und 3. folgt, daß die ET 15 vollständig ist.

2. Die folgende ET 34 soll auf Vollständigkeit geprüft werden.

	Versicherungsprämien	R1	R2	R3	R4	R5
34	Eintrittsalter	0–24	25–34	35–49	50–69	–
	Beamter	N	N	N	N	J
	monatliche Prämienrate (DM)	10,–	15,–	25,–	48,–	10,–

Abb. 2.31

1. Mögliche Bedingungskombiantionen:

   Zahl der Zustände: Z1 = 5 Z2 = 2 Z1 mal Z2 = 10

2. Abgedeckte Bedingungskombinationen:
   a) Jedes Regelpaar enthält sich einander ausschließende Zustände.
   b) Regel 5 deckt 1 mal 5 = 5 Bedingungskombinationen.
   5 plus Anzahl der einfachen Regeln (4) ergibt 9

3. Aus 1. und 2. folgt, daß die ET 34 nicht vollständig ist. Es fehlt eine Bedingungskombination, nämlich die Kombination

   „Eintrittsalter über 69“ und „Kein Beamter“.

2.3 Die ELSE-Regel

Wenn in einer ET nur bestimmte Bedingungskombinationen interessieren, aber trotzdem eine Absicherung gegen ein Auftreten der nicht erfaßten Kombinationen erwünscht ist, kann die ELSE-Regel benutzt werden. Sie ist eine Regel, die nur Leerstellen im Bedingungsanzeigeteil enthält. Sie wird auch mit einem „E“ als Bedingungsanzeiger der 1. Bedingung einer ET gekennzeichnet. Die ELSE-Regel besagt, daß alle eingegebenen Bedingungskombinationen, die nicht durch die Bedingungsanzeiger der von ihr weiter links stehenden Regeln abgedeckt werden, die Aktionen der ELSE-Regel auslösen. Es ist deshalb nicht sinnvoll, in einer ET rechts von der ELSE-Regel weitere Regeln aufzuführen, denn ihre Aktionen werden nicht ausgelöst.

Beispiel:

ELSE-Regel		R1	R2	R3	R4	R5
15	Bedingung 1	J	J	J	J	–
	Bedingung 2	J	J	N	N	
	Bedingung 3	J	N	J	N	
	Aktion 1	X		X		
	Aktion 2		X	X	X	
	Aktion 3	X			X	
	Atkion 4					X

Abb. 2.32

In der ET 15 (Abb. 2.32) deckt die ELSE-Regel (Regel 5) die fehlenden Bedingungskombinationen

N	N	N	N
J	J	N	N
J	N	J	N

ab.

Um die Zahl der Bedingungskombinationen festzustellen, die durch die ELSE-Regel einer ET abgedeckt werden, prüft man die ET *ohne* Berücksichtigung der ELSE-Regel auf Vollständigkeit (2.2). Sie ergibt sich aus der Differenz der möglichen und der abgedeckten Bedingungskombinationen.

2.4 Verknüpfung von Entscheidungstabellen

In einer einzigen ET läßt sich nur ein verhältnismäßig kleiner Sachverhalt festlegen. Da die in der Praxis darzustellenden Abläufe meistens sehr komplex sind, benötigt man mehrere Entscheidungstabellen, die miteinander verbunden werden müssen. Dabei ist es nur in einfachen Fällen möglich, die ETn sequentiell zu durchlaufen. Sehr oft dagegen ist es vom Ergebnis der Entscheidung abhängig, welche ET als nächste aufgesucht werden soll. Dies geschieht dadurch, daß man als letzte Aktion einer ET einen Hinweis auf die Nummer oder den Namen der ET angibt, die als nächste durchlaufen werden soll.

Beispiel:

Verknüpfung von ETn		Regel 1	Regel 2	Regel 3	Regel 4
40	Bedingungen	Bedingungsanzeigeteil			
	Aktion 1 : Aktion N	Aktionsanzeigeteil			
	Gehe nach ET 8	X		X	
	Gehe nach ET		10		20

Abb. 2.33

Am Ende der Regel 1 und 3 in der ET 40 (Abb. 2.33) wird zur ET 8 übergegangen, sonst wird die ET 10 oder die ET 20 angesprungen, je nachdem, ob die Bedingungen der Regel 2 oder der Regel 4 erfüllt sind.

Diese Verknüpfungstechnik erlaubt es, ein komplexes Gesamtproblem in kleinere übersichtliche Teilprobleme aufzuspalten und in Entscheidungstabellen darzustellen.

Selbstverständlich ist es auch zugelassen, an den Anfang derselben ET wieder zurückzuspringen. Daß dies sinnvoll sein kann, zeigt das folgende Beispiel.

Beispiel:

Hat man für jede der drei Größen A, B und C die Aufgabe, sie gleich 1 zu setzen, wenn sie auf 0 stehen, so kann man das in der folgenden ET 18 (Abb. 2.34) ausdrücken.

		R1	R2	R3	R4	R5	R6	R7	R8
18	A = 0	J	J	J	J	N	N	N	N
	B = 0	J	J	N	N	J	J	N	N
	C = 0	J	N	J	N	J	N	J	N
	A = 1	X	X	X	X				
	B = 1	X	X			X	X		
	C = 1	X		X		X		X	
	STOP	X	X	X	X	X	X	X	X

Abb. 2.34

Man kann den Bedingungsanzeigeteil der ET 18 erheblich reduzieren, wenn man den Sprung an den Anfang derselben ET benutzt (ET 19 in Abb. 2.35).

		R1	R2	R3	R4
19	A = 0	J	–	–	–
	B = 0	–	J	–	–
	C = 0	–	–	J	–
	A = 1	X			
	B = 1		X		
	C = 1			X	
	Gehe nach ET 19	X	X		
	STOP			X	X

Abb. 2.35

Es sei aber davor gewarnt, die Rücksprünge in dieselbe ET allzu häufig zu benutzen, denn die Übersicht über die gesamte Aktionsfolge, die eine Bedingungskombination auslöst, geht dabei verloren.

3. Eindeutigkeit und Abhängigkeit in einer Entscheidungstabelle

In einer ET muß für jede von den Bedingungen her sinnvolle Bedingungskombination, die durch die ET abgedeckt werden soll, eindeutig festgelegt sein, welche Aktionen sie auslöst. Weiterhin soll in einer ET keine überflüssige Regel vorkommen, deren Bedingungskombinationen bereits in den Bedingungskombinationen anderer Regeln enthalten sind. Solche Regeln heißen *abhängig*.

Eindeutigkeit und Abhängigkeit einer ET beeinflussen sich gegenseitig. Man kann die Eindeutigkeit einer ET durch die „links vor rechts"-Abarbeitungsvorschrift (1.4.3) errreichen, was hier getan wurde, dann kann man sich mit einer „schwachen" Abhängigkeits-Definition begnügen. Oder man definiert eine „starke" Abhängigkeit, aus der sich die Eindeutigkeit ergibt, dann kann man auf die „links vor rechts"-Abarbeitungsvorschrift verzichten. Auf beide Methoden soll in diesem Kapitel eingegangen werden.

Der abschließende Abschnitt befaßt sich noch einmal mit der Abhängigkeit der Bedingungen und den nicht eingebbaren Bedingungskombinationen einer ET.

3.1 Eindeutigkeit in einer Entscheidungstabelle

Verzichtet man auf die „links vor rechts"-Abarbeitungsvorschrift als Grundregel für die Entscheidungstabellen, dann kann man die Eindeutigkeit einer ET auf folgende Weise erreichen:

Definition 1 der Abhängigkeit („starke" Abhängigkeit)

Zwei Regeln einer ET heißen *„stark" abhängig,* wenn mindestens eine Bedingungskombination existiert, die die Bedingungen der beiden Regeln erfüllt. Andernfalls nennt man die beiden Regeln „stark" unabhängig. Eine ET heißt „stark" abhängig, wenn sie mindestens ein „stark" abhängiges Regelpaar enthält. Sonst heißt die ET „stark" unabhängig.

Häufig unterscheidet man nicht zwischen „starker" und „schwacher" Unabhängigkeit und spricht nur von „unabhängig", wobei dann die „starke" Unabhängigkeit gemeint ist.

Beispiele:

1. „Starke“ Abhängigkeit in einer begrenzten ET.

		R1	R2	R3	R4	R5	R6
40	Bedingung 1	J	J	N	N	–	–
	Bedingung 2	–	–	N	N	J	N
	Bedingung 3	–	–	J	N	N	N
	Bedingung 4	J	N	–	–	J	N
	Aktion 1	X		X		X	
	Aktion 2		X			X	X
	Aktion 3				X		X

Abb. 3.1

In der ET 40 (Abb. 3.1) sind die Regeln 1 und 5
2 und 6
4 und 6 „stark“ abhängig,

denn die Bedingungskombination

J J N J erfüllt die Bedingungen der Regeln 1 und 5
J N N N erfüllt die Bedingungen der Regeln 2 und 6
N N N N erfüllt die Bedingungen der Regeln 4 und 6.

2. „Starke“ Abhängigkeit in einer gemischten ET.

Versich. Prämienrate		R1	R2	R3	R4	R5	R6
41	Eintrittsalter	15–29	15–30	30–49	30–49	49–70	50–70
	Frauen	J	N	J	N	J	N
	monatliche Prämienrate (DM)	20,–	10,–	25,–	15,–	28,–	30,–

Abb. 3.2

In der ET 41 (Abb. 3.2) sind die Regeln 2 und 4
3 und 5 „stark“ abhängig, denn

die Eingabewerte 30 N erfüllen die Regeln 2 und 4
49 J erfüllen die Regeln 3 und 5.

3. In einer ET, die die ELSE-Regel (2.3) enthält, sind alle Regeln mit der ELSE-Regel „stark“ abhängig. Deshalb wird auch häufig die ELSE-Regel als eine besondere Regel geführt und nicht zu den allgemeinen Regeln einer ET gezählt.

Aus der Definition 1 folgt, daß zwei Regeln einer ET mit begrenztem Bedingungsanzeigeteil genau dann „stark“ unabhängig sind, wenn mindestens in einer Zeile des Bedingungsanzeigeteils der beiden Regeln eine der beiden folgenden Kombinationen vorkommt:

(1) J N
(2) N J.

Um die Regeln einer ET mit begrenztem Bedingungsanzeigeteil auf „starke“ Abhängigkeit zu überprüfen, genügt es demnach, jede Regel mit den restlichen Regeln zu vergleichen und festzustellen, ob in einer Bedingungszeile die Kombination (1) oder (2) vorkommt.

Entsprechendes folgt für eine ET mit erweitertem Bedingungsanzeigeteil. In ihr sind zwei Regeln „stark“ unabhängig, wenn sie in mindestens einer Bedingungszeile sich einander ausschließende Zustände enthalten.

Ferner folgt aus der Definition 1, daß zwei benachbarte und „stark“ unabhängige Regeln vertauschbar sind, und daß in einer „stark“ unabhängigen ET alle Regeln vertauschbar sind (2.1.4). Man kann also für eine „stark“ unabhängige ET auf die „links vor rechts“-Abarbeitungsvorschrift verzichten.

Entscheidungstabellen die „stark“ unabhängig sind, sind auch eindeutig. Aber die Unabhängigkeit der ETn nach der Definition 1 verlangt mehr, wie man an der folgenden ET 26 (Abb. 3.3) sieht:

		R1	R2	R3
26	Alter unter 14	J	N	–
	Alter über 18	–	N	J
	Eintritt (DM)	0,50	1,50	2,–

Abb. 3.3

Die Regeln 1 und 3 der ET 26 sind „stark“ abhängig, denn die Bedingungskombination J J erfüllt die Bedingungen der Regeln 1 und 3. Nun ist aber offensichtlich, daß die Bedingungskombination J J für die ET 26 nicht eingebbar ist (1.4.1), denn man kann nicht gleichzeitig „jünger als 14“ und „älter als 18“ sein. Trotzdem muß man, damit die ET 26 „stark“ unabhängig wird, wenigstens eine der beiden Leerstellen in den Regeln 1 und 3 durch „N“ ersetzen (ET 261 oder ET 262).

		R1	R2	R3
261	Alter unter 14 Alter über 18	J N	N N	– J
	Eintritt (DM)	0,50	1,50	2,–

Abb. 3.4

		R1	R2	R3
262	Alter unter 14 Alter über 18	J –	N N	N J
	Eintritt (DM)	0,50	1,50	2,–

Abb. 3.5

An dem Beispiel der ET 26 (Abb. 3.3) sieht man, daß es Entscheidungstabellen gibt, die „stark" abhängig und trotzdem für jede eingebbare Bedingungskombination eindeutig sind. Die Abhängigkeit nach Definition 1 verlangt also mehr, als man für die Eindeutigkeit einer ET benötigt. Bevor eine zweite Definition der Abhängigkeit einer ET gegeben wird, sollen die Vor- und Nachteile der Abhängigkeit nach Definition 1 gegenübergestellt und ergänzt werden.

Vorteile der Abhängigkeit nach Definition 1	*Nachteile* der Abhängigkeit nach Definition 1
Die „starke" Abhängigkeit und damit die Eindeutigkeit ist für eine ET mit begrenztem Bedingungsanzeigeteil allein anhand der Bedingungsanzeiger feststellbar. Es muß nicht auf den Inhalt der einzelnen Bedingungen eingegangen werden. In einer „stark" unabhängigen ET sind alle Regeln vertauschbar. Die „links vor rechts"-Abarbeitungsvorschrift ist für eine solche ET ohne Bedeutung. Die Vollständigkeit einer „stark" unabhängigen ET ist einfach nachzuprüfen (2.2).	Es ist unter Umständen notwendig, um eine ET „stark" unabhängig zu machen und damit eindeutig, daß im Bedingungsanzeigeteil Leerstellen durch „J", „N" oder Teile der Bedingungen ersetzt werden müssen, obwohl die Bedingungskombination, die sonst eine Abhängigkeit erzeugen würde, von den Bedingungen her nicht sinnvoll ist. Damit verliert eine ET an Lesbarkeit, da man nicht sagen wird (vgl. ET 261 in Abb. 3.4): „Wenn das Alter unter 14 und das Alter nicht über 18 ist, dann . . .". Außerdem nimmt die Übersichtlichkeit der ET ab, denn sie ist umso übersichtlicher, je mehr Leerstellen sie enthält.

Man kann die Definition 1 der Abhängigkeit dadurch erweitern, daß man sagt: Zwei Regeln einer ET heißen abhängig, wenn mindestens eine eingebbare Bedingungskombination existiert, die die Bedingungen der beiden Regeln erfüllt. Dann sind zwar die vorangegangene ET 26 und die ET 62 des Schwimmbad-Beispiels (Abb. 2.15)

		R1	R2	R3	R4	R5	R6	R7	R8
62	Alter unter 14	J	J	N	N	N	N	–	–
	Alter bis 18	–	–	–	J	–	J	N	N
	Gruppe	J	N	J	J	N	N	J	N
	Schüler	–	–	J	N	J	N	N	N
	Eintritt (DM)	0,50	1,–	0,50	1,–	1,–	1,50	1,50	2,–

nach dieser Definition unabhängig, und die Begriffe Eindeutigkeit und Unabhängigkeit decken sich, aber der Hauptvorteil der Definition 1 geht verloren, daß man bei begrenzten ETn allein am Bedingungsanzeigeteil erkennen kann, ob eine ET abhängig oder unabhängig ist.

Es ist dann vorteilhafter, den zweiten Weg einzuschlagen, was hier getan wurde, und die Eindeutigkeit einer ET mittels der „links vor rechts"-Abarbeitungsvorschrift sicherzustellen und die Abhängigkeit in der folgenden „schwachen" Form zu definieren.

Definition 2 der Abhängigkeit („schwache" Abhängigkeit)

Eine Regel einer ET heißt *„schwach" abhängig,* wenn alle eingebbaren Bedingungskombinationen, die durch diese Regel abgedeckt werden, bereits in weiter links stehenden Regeln enthalten sind. Andernfalls nennt man die Regel „schwach" unabhängig. Eine ET heißt „schwach" abhängig, wenn sie mindestens eine „schwach" abhängige Regel enthält, andernfalls heißt sie „schwach" unabhängig.

Beispiele für „schwach" abhängige ETn:

1.

		R1	R2	R3
199	Gewünscht wird Touristenklasse	J	N	J
	Gewünscht wird 1. Klasse	–	J	–
	Touristenklasse verfügbar	J	N	J
	1. Klasse verfügbar	–	J	N
	Ticket für Touristenklasse ausgeben	X		X
	Ticket für 1. Klasse ausgeben		X	

Abb. 3.6

Die Regel 3 der ET 199 (Abb. 3.6) ist „schwach“ abhängig, denn die Bedingungskombinationen J J J N und J N J N werden bereits durch die Regel 1 abgedeckt.

2.

		R1	R2	R3	R4	R5
200	Bestellmenge kleiner als 100	J	J	J	J	N
	Käufer als Kunde bekannt	J	J	N	J	–
	Selbstabholer	J	N	N	–	–
	Internen Preis berechnen	X			X	X
	Internen Preis + Fracht berechnen		X			
	Externen Preis berechnen			X		

Abb. 3.7

Die Regel 4 der ET 200 (Abb. 3.7) ist „schwach“ abhängig, denn die Bedingungskombinationen J J J und J J N sind schon in den Regeln 1 und 2 enthalten.

Aus der Definition 2 folgt für eine ET mit begrenztem Bedingungsanzeigeteil, daß sie „schwach“ abhängig ist, wenn sie mindestens ein Regelpaar enthält, das in jeder Zeile des Bedingungsanzeigeteils eine der folgenden Kombinationen besitzt:

(1) J J
(2) N N
(3) – J
(4) – N
(5) – –

In diesem Fall werden alle Bedingungskombinationen, die die rechte Regel des Regelpaares erfüllen, bereits durch die linke Regel des Paares abgedeckt.

Es gibt aber auch ETn, die die obige Bedingung nicht erfüllen und trotzdem „schwach“ abhängig sind, wie die vorangegangene ET 200 und die beiden folgenden Beispiele zeigen.

Beispiele:

1.

		R1	R2	R3	R4
93	Bedingung 1	J	–	N	–
	Bedingung 2	–	J	–	N
	Aktion 1	X	X		X
	Aktion 2	X		X	X
	Aktion 3				X

Abb. 3.8

Die Regel 4 der ET 93 (Abb. 3.8) ist „schwach“ abhängig, denn die Bedingungskombination J N bzw. N N wird durch die Regel 1 bzw. Regel 3 abgedeckt.

2.

		R1	R2	R3
94	A kleiner als 4	J	N	J
	A größer als 6	N	N	–
	B = 3	X		X
	C = 2		X	X

Abb. 3.9

Die Regel 3 der ET 94 (Abb. 3.9) ist „schwach“ abhängig, denn die Bedingungskombination J N wird durch die Regel 1 abgedeckt, und die Kombination J J ist nicht eingebbar für die ET 94.

Eine „schwach“ abhängige ET ist auch „stark“ abhängig, und eine „stark“ unabhängige ET auch „schwach“ unabhängig. In beiden Fällen gilt die Umkehrung nicht immer: Eine „stark“ abhängige ET muß *nicht* „schwach“ abhängig und eine „schwach“ unabhängige *nicht* „stark“ unabhängig sein.

Der entscheidende Vorteil der Definition der Eindeutigkeit durch die „links vor rechts“-Abarbeitungsvorschrift und der zugehörigen „schwachen“ Abhängigkeitsdefinition liegt darin, daß man den Bedingungsanzeigeteil einer ET oft vereinfachen kann, und die ET dadurch an Lesbarkeit und Übersichtlichkeit gewinnt. Man vergleiche die ET 61 in Abb. 2.14 mit der endgültigen Fassung der ET 63 in Abb. 2.24.

Die „schwach“ abhängigen Regeln sind identisch mit den überflüssigen, ihre Aktionen werden niemals ausgelöst.

Die Nachteile bestehen darin, daß man für eine ET mit begrenztem Bedingungsanzeigeteil nicht am Bedingungsanzeigeteil feststellen kann, ob die ET „schwach“ unabhängig ist, und die Vollständigkeitsprüfung (2.2) ist erschwert. Deshalb wird auch in der Methode 2 (2.1) zum Aufstellen einer ET gefordert, daß die ET zunächst als eine „stark“ unabhängige ET aufgebaut wird, und erst nach der Konsolidierung gibt man die „starke“ Unabhängigkeit auf, und die „links vor rechts“-Abarbeitungsvorschrift tritt allein in Kraft.

Die abhängigen Regeln kann man in zwei Klassen einteilen. Betrachtet man noch einmal die ETn 199 und 200 in Abb. 3.6 bzw. 3.7, dann kann man feststellen, daß die „schwach“ abhängige Regel 4 in der ET 200 und die Regeln 1 und 2, von denen sie abhängig ist, nicht dieselben Aktionen auslösen (R2 und R4!), was bei den Regeln 3 und 1 der ET 199 der Fall ist. Während die Regel 3 in der ET 199 überflüssig ist, enthält die ET 200 mit der Regel 4 eine überflüssige

Regel, die außerdem für die eingegebene Bedingungskombination J J N der Regel 2 widerspricht. Dasselbe kann auch in „stark" abhängigen ETn auftreten. Man unterscheidet deshalb:

Eine abhängige ET enthält eine *Redundanz*, wenn die abhängige Regel und die Regeln, von denen sie abhängt, dieselben Aktionsfolgen auslösen. Werden von diesen Regeln nicht dieselben Aktionsfolgen ausgelöst, dann enthält die Entscheidungstabelle einen *Widerspruch*.

Beispiel einer ET mit Widerspruch:

		R1	R2	R3	R4	R5	R6	R7	R8
91	Unter 14	J	J	–	–	–	–	–	–
	Bis 18	–	–	–	J	–	J	–	–
	Gruppe	J	–	–	J	J	–	J	–
	Schüler	–	–	J	–	J	–	–	–
	Eintritt (DM)	0,50	1,–	1,–	1,–	0,50	1,50	1,50	2,–

Abb. 3.10

Die Regel 5 der ET 91 (Abb. 3.10) ist „schwach" abhängig von den Regeln 1, 2, und 3. Die Regeln 1, 2, 3 und 5 lösen *nicht* dieselben Aktionen aus. Die ET 91 ist aus der korrekten ET 63 der Abb. 2.24 durch Vertauschen der Regeln 3 und 5 entstanden!

3.2 Abhängige Bedingungen und nicht eingebbare Bedingungskombinationen

In diesem Abschnitt wird der Zusammenhang zwischen abhängigen Bedingungen (– nicht zu verwechseln mit der Abhängigkeit der Regeln im vorhergehenden Abschnitt! –) und nicht eingebbaren Bedingungskombinationen einer ET erläutert. Es wird ein Weg gezeigt, wie man diese beiden Begriffe mit der Mengenlehre erfassen kann.

Der auf die Praxis ausgerichtete Leser kann diesen Abschnitt überschlagen, sollte dann aber die abschließende Definition der Abhängigkeit von Bedingungen und die Methode lesen, wie man die abhängigen Bedingungen einer ET herausfinden kann.

In 2.1.5 wurde gezeigt, wie man eine ET vereinfachen kann, wenn man die eventuell vorhandenen Abhängigkeiten der Bedingungen untereinander ausnützt. Dabei wurde gesagt, wenn die Bedingung „Alter unter 14" erfüllt ist, dann muß die Bedingung „Alter bis 18" nicht mehr abgeprüft werden, denn es ist unmöglich, daß man gleichzeitig jünger als 14 und älter als 18 ist. Anders ausgedrückt, heißt das, die Aussagenverknüpfung

$$A \wedge \neg B$$

ist immer falsch, wobei A die Aussage „Das Alter des Eintrittskartenkäufers ist unter 14" und B die Aussage „Das Alter des Eintrittskartenkäufers ist unter oder gleich 18" bedeuten. An der zugehörigen Wahrheitstafel (Abb. 3.11) ist das aber nicht festzustellen, wie die 2. Zeile der Tafel zeigt, die als Wahrheitswert der Aussagenverknüpfung $A \wedge \neg B$ den Wert „wahr" besitzt.

A	B	$\neg B$	$A \wedge \neg B$
W	W	F	F
W	F	W	W
F	W	F	F
F	F	W	F

Abb. 3.11

Die Wahrheitstafeln sind zwar für die Untersuchung der logischen Möglichkeiten von Aussagenverknüpfungen als Ganzes ausreichend, versagen aber bei Aussagen, bei denen es nicht nur auf die Aussagen als Ganzes ankommt, sondern auch auf ihre innere logische Struktur, die sprachlich durch die Beziehung zwischen Subjekt und Prädikat wiedergegeben wird.

Im obigen Beispiel ist es unmöglich, daß gleichzeitig die Aussage A wahr und die Aussage B falsch ist. Die Zeile 2 der Wahrheitstafel in Abb. 3.11 stellt keine mögliche Kombination von Wahrheitswerten für diese Aussagen dar. Mit der Wahrheitstafel ist also die Abhängigkeit von Bedingungen nicht immer feststellbar.

Die innere logische Struktur einer Aussage wird in der mathematischen Logik im Prädikatenkalkül der 1. Stufe behandelt [1, 2]. Im Prädikatenkalkül wird die Aussage „Das Alter des Eintrittskartenkäufers ist unter 14" zerlegt in eine *Subjektvariable* „das Alter des Eintrittskartenkäufers" und in ein *Prädikat* „ist unter 14".

Für die Subjektvariable können die Elemente (Subjekte) eines konkret zugrunde gelegten Subjektbereichs eingesetzt werden. Als Subjektbereich S sei für das Beispiel die Menge der Altersstufen von 0 bis 100 der Eintrittskartenkäufer genommen.

Bezeichnung: $S = \{0, 1, 2, \ldots, 99, 100\}$

Das Prädikat „ist unter 14" bezieht sich auf *ein* Subjekt. Wenn man dem Prädikat „ist unter 14" ein Subjekt hinzufügt, erhält man eine Aussage. Man nennt deshalb diese Art von Prädikaten *einstellige* Prädikate. Es gibt einstellige, zweistellige, dreistellige . . . bis zu n-stelligen Prädikate. Ein zweistelliges Prädikat ist zum Beispiel „ist kleiner als". Hier müssen zwei Subjekte eingesetzt werden, damit man eine Aussage erhält, z. B. „Otto ist kleiner als Emil". Ein dreistelliges Prädikat ist „kaufen": „Mutter kauft Maria ein Buch". Hier sollen der Einfachheit wegen nur einstellige Prädikate betrachtet werden, obwohl in den Bedingungen einer ET auch Aussagen mit mehrstelligen Prädikaten vorkommen. (Genaueres über ein- und mehrstellige Prädikate findet man in der angegebenen Literatur [1, 2]).

Man betrachtet nun nicht unmittelbar die einstelligen Prädikate selbst, sondern identifiziert jedes einstellige Prädikat mit der Teilmenge der Subjekte des Subjektbereichs, die das Prädikat besitzen, d. h. die beim Hinzufügen zum Prädikat eine wahre Aussage ergeben.

Für den Subjektbereich S = {0, 1, 2, . . ., 100} wird das Prädikat P1 „ist unter 14" identifiziert mit der Menge der Altersstufen von 0 bis 13 der Eintrittskartenkäufer.

Bezeichnung: P1 = {0, 1, 2, . . ., 12, 13}

Entsprechend wird die Aussage „Das Alter des Eintrittskartenkäufers ist unter oder gleich 18" zerlegt, und man erhält für das Prädikat P2 „ist unter oder gleich 18" die Menge der Altersstufen von 0 bis 18 der Eintrittskartenkäufer.

Bezeichnung: P2 = {0, 1, 2, . . ., 17, 18}

Man sieht, daß jedes Element der Menge P1 auch in der Menge P2 enthalten ist. Mit den Begriffen der Mengenlehre läßt sich demnach die Abhängigkeit der beiden betrachteten Aussagen folgendermaßen formulieren:

Die Menge P1 der Altersstufen von 0 bis 13 der Eintrittskartenkäufer ist enthalten in der Menge P2 der Altersstufen von 0 bis 18 der Eintrittskartenkäufer.

Anschaulich kann das durch ein sogenanntes *Mengenbild,* auch *Venn-Diagramm* genannt, dargestellt werden. Man zeichnet für jede Menge eine geschlossene Linie und denkt sich die Elemente der Menge innerhalb dieser Linie (Abb. 3.12).

Hat man ein Element aus der Menge P1 ausgewählt, dann liegt es auch in der Menge P2; das ist aber nichts anderes als die am Anfang festgestellte Tatsache, daß wenn die Bedingung „Alter unter 14" erfüllt ist, die Bedingung „Alter bis 18" ebenfalls erfüllt ist und nicht gesondert abgeprüft werden muß. Umgekehrt: Hat man ein Element, das *nicht* zur Menge P2 gehört, dann ist es auch kein Element der Menge P1, d. h. ist die Bedingung „Alter bis 18" nicht erfüllt, dann ist auch die Bedingung „Alter unter 14" nicht erfüllt und muß nicht abgefragt werden.

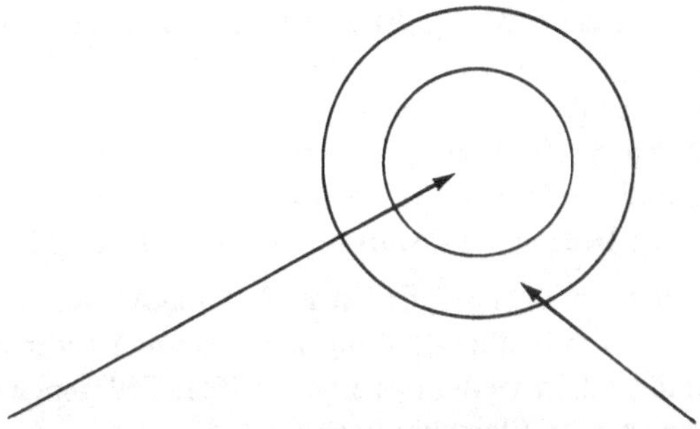

P1: Menge der Altersstufen von 0 bis 13 der Eintrittskartenkäufer

P2: Menge der Altersstufen von 0 bis 18 der Eintrittskartenkäufer

Abb. 3.12

Dies ist eine Möglichkeit der Abhängigkeit von zwei Bedingungen, daß das Prädikat (als Menge betrachtet) der einen Bedingung vollständig im Prädikat der anderen Bedingung enthalten ist. Eine andere Möglichkeit soll am folgenden Beispiel erläutert werden:

Bedingung 1: „Das Alter des Eintrittskartenkäufers ist unter 14“
Bedingung 2: „Das Alter des Eintrittskartenkäufers ist zwischen 19 und 21“

Wählt man wieder als Subjektbereich die Menge $S = \{0, 1, 2, \ldots, 100\}$ der Altersstufen von 0 bis 100 der Eintrittskartenkäufer und als Prädikate P1 und P2 die entsprechenden Teilmengen von S, dann kann man die Abhängigkeit der Aussagen wie folgt formulieren:

Die Menge P1 der Altersstufen von 0 bis 13 der Eintrittskartenkäufer und die Menge P2 der Altersstufen von 19 bis 21 der Eintrittskartenkäufer sind zwar Teilmengen desselben Subjektbereichs, besitzen aber kein gemeinsames Element.

Das zugehörige Mengenbild kann man folgendermaßen zeichnen:

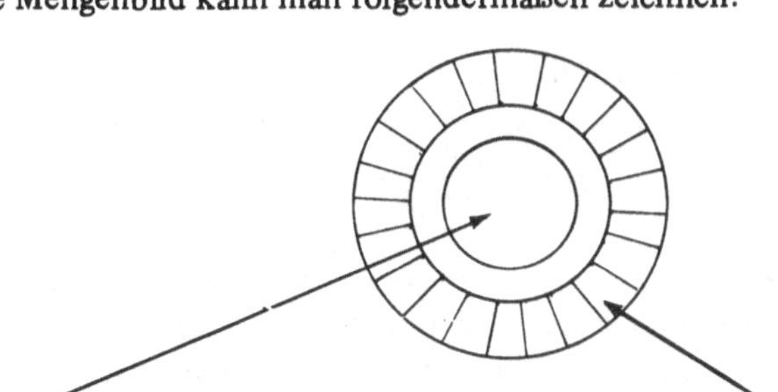

P1: Menge der Altersstufen von 0 bis 13 der Eintrittskartenkäufer

P2 = [schraffiert]: Menge der Altersstufen von 19 bis 21 der Eintrittskartenkäufer

Abb. 3.13

Hat man ein Element aus der Menge P1 ausgewählt, dann ist es kein Element der Menge P2 und umgekehrt: Ein Element aus der Menge P2 ist nicht Element der Menge P1. Das bedeutet aber, daß wenn die Bedingung „Alter unter 14“ erfüllt ist, die Bedingung „Alter zwischen 19 und 21“ nicht erfüllt ist, also nicht abgeprüft werden muß, und wenn die Bedingung „Alter zwischen 19 und 21“ erfüllt ist, dann ist die Bedingung „Alter unter 14“ nicht erfüllt.

Zusammenfassend kann man sagen, daß sicherlich dann zwei Bedingungen abhängig sind, wenn ihre Prädikate (als Mengen betrachtet) Teilmengen desselben Subjektbereichs sind und entweder das eine Prädikat Teilmenge des anderen ist oder sie keine gemeinsamen Elemente besitzen.

Es sei noch einmal darauf aufmerksam gemacht, daß bei der Abhängigkeit von Bedingungen die Prädikate Teilmengen *desselben* Subjektbereichs sind. So sind z. B. die Bedingungen „Das Alter des Eintrittskartenkäufers ist unter 14“ und „Das Alter des Gebäudes ist unter 14“ nicht abhängig, weil ihre Prädikate i. a. Teilmengen verschiedener Subjektbereiche sind.

Man kann sich nun fragen, gibt es noch andere Möglichkeiten, wie zwei Bedingungen abhängig sein können? Bevor diese Frage beantwortet wird, soll auf die nicht eingebbaren Bedingungskombinationen einer ET eingegangen werden. An den beiden vorangegangenen Beispielen für die Abhängigkeit von zwei Bedingungen erkennt man, daß ein unmittelbarer Zusammenhang zwischen der Abhängigkeit von Bedingungen und den nicht eingebbaren Bedingungskombinationen einer ET besteht. Zunächst gilt, wie bei der Abhängigkeit, daß eine Bedingungskombination nur dann eingebbar ist, wenn die Prädikate der beiden Bedingungen (als Mengen betrachtet) Teilmengen desselben Subjektbereichs sind. Weiterhin sind im 1. Beispiel die Kombination

Alter unter 14	J
Alter bis 18	N

und im 2. Beispiel die Kombination

Alter unter 14	J
Alter zwischen 19 und 21	J

nicht eingebbar, was man auch wieder an den Mengenbildern ablesen kann. Auch hier erhebt sich die Frage, gibt es noch andere nicht eingebbare Bedingungskombinationen zweier Bedingungen? Die Antwort darauf gibt die ET 10 in Abb. 3.14, in der alle Möglichkeiten der Anordnung von zwei Prädikaten P1, P2 und ihrem Subjektbereich S, sowie die zugehörigen nicht eingebbaren Bedingungskombinationen aufgezählt sind. Als Bezeichnung werden die folgenden Symbole der Mengenlehre benutzt:

P1 ∪ P2 = S (gelesen: P1 vereinigt mit P2 ergibt S)
Die Elemente von P1 und P2 ergeben zusammen die Elemente von S.

P1 ∩ P2 = φ (gelesen: P1 geschnitten mit P2 ergibt die leere Menge)
P1 und P2 haben keine gemeinsamen Elemente.

P1 ⊂ P2 (gelesen: P1 ist in P2 enthalten)
P1 ist echte Teilmenge von P2 („echt" d. h. P2 enthält die Elemente von P1 und noch mindestens ein Element mehr).

P1 = P2 (gelesen: P1 ist identisch mit P2)
Die beiden Mengen sind gleich.

Beispiel für die Schreibweise:

Die Verneinung der Bedingung P1 ∪ P2 = S bedeutet, daß der Subjektbereich S Elemente enthält, die nicht zu P1 oder P2 gehören.

		R1	R2	R3	R4	R5	R6	R7	R8	R9	R10
10	P1 ∪ P2 = S	J	J	J	J	J	N	N	N	N	N
	P1 ∩ P2 = φ	J	N	N	N	N	J	N	N	N	N
	P2 ⊂ P1	N	J	N	N	N	N	J	N	N	N
	P1 ⊂ P2	N	N	J	N	N	N	N	J	N	N
	P1 = P2	N	N	N	J	N	N	N	N	J	N
	Die zugehörigen nicht eingebbaren Bedingungskombinationen sind:										
	J J	X					X				
	J N			X	X				X	X	
	N J		X		X			X		X	
	N N	X	X	X	X	X					
	Keine nicht eingebbaren Bedingungskombinationen										X

Abb. 3.14

Anhand der ET 10 erkennt man, daß dann und nur dann für zwei Bedingungen alle Bedingungskombinationen eingebbar sind, wenn ihre Prädikate die Bedingungen der Regel 10 der ET 10 erfüllen.

Das zur Regel 10 gehörende Mengenbild sieht wie folgt aus:

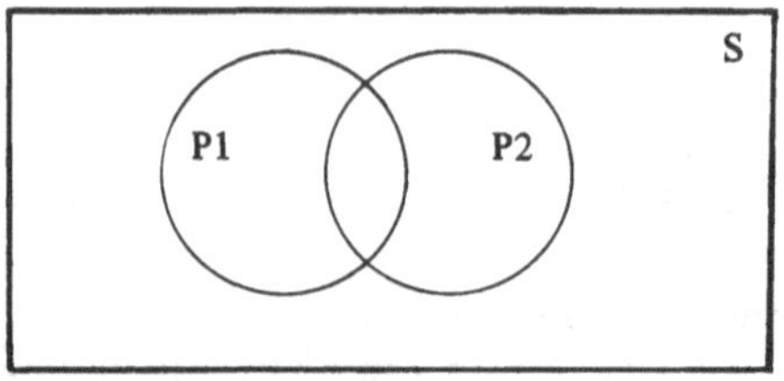

Abb. 3.15

Kehrt man zu der Frage der Formen der Abhängigkeit von zwei Bedingungen zurück, dann kann man sie mit einer der ET 10 (Abb. 3.14) entsprechenden ET beantworten, wobei der Bedingungs-, Bedingungsanzeige- und Aktionsteil der ET 10 übernommen werden, und im Aktionsanzeigeteil die nicht gleichzeitig abzuprüfenden Bedingungskombinationen angekreuzt werden.

Die Bedingungskombination der Regel 8 entspricht dann dem Beispiel „Alter unter 14" und „Alter bis 18" und die der Regel 6 dem Beispiel „Alter unter 14" und „Alter zwischen 19 und 21".

Es stellt sich wieder heraus, daß nur für die Bedingungskombination der Regel 10 zwei Bedingungen einer ET nicht abhängig sind.

Bisher wurde die Abhängigkeit und Nichteingebbarkeit nur für zwei Bedingungen betrachtet. Für drei und mehr Bedingungen wird die gegenseitige Abhängigkeit dieser beiden Begriffe komplizierter, und die Mengenbilder verlieren ihre Anschaulichkeit.

Das Vorangegangene soll nun dazu dienen, die folgende Definition der Abhängigkeit von beliebig vielen Bedingungen in einer ET verständlicher zu machen. Diese Definition geht davon aus, daß man in der Praxis immer feststellen kann, welche Bedingungskombinationen für eine ET eingebbar sind und welche nicht, ähnlich wie man von einer Aussage immer sagen kann, ob sie wahr oder falsch ist. Man definiert dann die Abhängigkeit von Bedingungen mit Hilfe der nicht eingebbaren Bedingungskombinationen.

Definition:

> Bedingungen einer ET sind *abhängig*, wenn die ET nicht eingebbare Bedingungskombinationen besitzt.

In der Praxis möchte man für eine ET mit nicht eingebbaren Bedingungskombinationen wissen, welche Bedingungen nun eigentlich abhängig sind, d. h. laut Definition: Gibt es schon für einen Teil der Bedingungen der ET nicht eingebbare Bedingungskombinationen?

Diese Frage kann man auch wieder mit ETn folgendermaßen beantworten. Neben der eigentlichen ET, die man aufgestellt hat, führt man einen zweiten Bedingungsanzeigeteil, der als Regeln die nicht eingebbaren Bedingungskombinationen enthält.

Als Beispiel betrachte man die ET 73 (Abb. 3.16).

		R1	R2	R3	R4
73	Alter zwischen 16 und 25	J	J	N	N
	Führerscheinbesitzer	J	J	N	J
	Alter zwischen 20 und 30	N	J	J	N
	Männlich	J	N	J	J
	Alter zwischen 24 und 35	N	N	J	J
	Versicherungskennziffer =	1	2	1	3

Abb. 3.16

Der Bedingungsanzeigeteil der für die ET 73 nicht eingebbaren Bedingungskombinationen lautet (zur besseren Übersicht wird auch der Bedingungsteil mit aufgeführt):

	R1	R2	R3	R4	R5	R6	R7	R8
Alter zwischen 16 und 25	J	J	J	J	N	N	N	N
Führerscheinbesitzer	J	J	N	N	J	J	N	N
Alter zwischen 20 und 30	N	N	N	N	J	J	J	J
Männlich	J	N	J	N	J	N	J	N
Alter zwischen 24 und 35	J	J	J	J	N	N	N	N

Abb. 3.17

Die Regeln des Bedingungsanzeigeteils der nicht eingebbaren Bedingungskombinationen einer ET können nach der folgenden „erweiterten" Konsolidierungsvorschrift vereinfacht werden:

Gilt für eine Bedingung:

1. *Zu jeder Regel* mit „J" für die Bedingung gibt es eine Regel mit „N" für die Bedingung, die sich nur in diesem Bedingungsanzeiger von der erstgenannten unterscheidet, und
2. *zu jeder Regel* mit „N" für die Bedingung gibt es eine Regel mit „J" für die Bedingung, die sich nur in diesem Bedingungsanzeiger von der erstgenannten unterscheidet,

dann ist diese Bedingung unabhängig von den anderen Bedingungen, denn der Wahrheitswert der Bedingung ist für die Nichteingebbarkeit ohne Bedeutung. Man kann die entsprechenden Regelpaare zusammenfassen, wobei die unterschiedlichen Bedingungsanzeiger durch eine Leerstelle ersetzt werden.

In dem so vereinfachten Bedingungsanzeigeteil der nicht eingebbaren Bedingungskombinationen sind demnach die Bedingungen abhängig, deren Bedingungsanzeiger in einer Regel keine Leerstellen sind.

Im obigen Beispiel erhält man für den Bedingungsanzeigeteil der nicht eingebbaren Bedingungskombinationen nach der Vereinfachung der Regeln 1 und 2, 3 und 4, 5 und 6, 7 und 8 und der weiteren Konsolidierung der neuen Regeln 1 und 2 bzw. 3 und 4 den folgenden Bedingungsanzeigeteil:

R1	R2
J	N
–	–
N	J
–	–
J	N

Abb. 3.18

Es sind demnach in der ET 73 (Abb. 3.16) genau die Bedingungen „Alter zwischen 16 und 25", „Alter zwischen 20 und 30" und „Alter zwischen 24 und 35" abhängig. Natürlich ist dieses Ergebnis bei der einfachen ET 73 unmittelbar aus den Bedingungen ablesbar, aber bei größeren ETn und komplizierten ineinander verschachtelten Bedingungen ist die Abhängigkeit der Bedingungen nicht sofort einsichtig, und für diese Fälle soll das Verfahren auch nur angewandt werden. Zum Bedingungsanzeigeteil der nicht eingebbaren Bedingungskombinationen sei noch gesagt, daß man bei einer gewissen Erfahrung mit ETn auch hier gleich komplexe Regeln aufführen und die Konsolidierung damit verkürzen kann. Zur Übung stelle man den Bedingungsanzeigeteil der nicht eingebbaren Bedingungskombinationen der vorangegangenen ET 10 (Abb. 3.14) auf und versuche, ihn zu vereinfachen.

4. Ausbau der Entscheidungstabellentechnik

In diesem Kapitel werden einige Erweiterungen der ET-Technik angegeben, deren Einführung sich erst im Umgang mit ETn in der Praxis angeboten hat. Sie sind bei der Arbeit mit ETn nicht notwendig, sondern stellen einen gewissen Benutzerkomfort dar.

4.1 Disjunktion in einer Entscheidungsregel

Betrachtet man noch einmal die ET 15 (Abb. 2.28) von 2.1.8, und vereinfacht man sie mit Hilfe der „links vor rechts"-Abarbeitungsvorschrift, nach der man alle „N" durch Leerstellen ersetzen darf, dann erhält man die folgende ET 19:

		R1	R2	R3	R4	R5	R6	R7	R8
19	Alter unter 14	J	–	J	–	–	–	–	–
	Alter bis 18	–	–	–	J	–	J	–	–
	Gruppe	J	J	–	J	–	–	J	–
	Schüler	–	J	–	–	J	–	–	–
	Eintritt	0,50	0,50	1,–	1,–	1,–	1,50	1,50	2,–

Abb. 4.1

Die Regeln 3, 4 und 5 der ET 19 (Abb. 4.1) lösen dieselbe Aktionsfolge aus, und außerdem wird im Bedingungsanzeigeteil der Regel 3 nur die 1. Bedingung, in der Regel 4 nur die 2. und 3. Bedingung und in Regel 5 nur die 4. Bedingung abgefragt:

$$(\text{Bed. } 1) \vee (\text{Bed. } 2 \wedge \text{Bed. } 3) \vee (\text{Bed. } 4)$$

Man kann in diesem Fall die Regeln 3, 4, und 5 in einer Regel unterbringen, wenn man neben der Konjunktion in einer Regel auch die Disjunktion erlaubt. Dies geschieht dadurch, daß man an der Stelle einer Regel, wo die Konjunktion durch eine Disjunktion ersetzt wird, einen Schrägstrich „/" („Oder-Strich") einfügt (ET 20 in Abb. 4.2).

		R1	R2	R3	R4	R5
20	Alter unter 14	J	–	J/	–	–
	Alter bis 18	–	–	J	J/	–
	Gruppe	J	J	J/	J	–
	Schüler	–	J	J	–	–
	Eintritt	0,50	0,50	1,–	1,50	2,–

Abb. 4.2

In der ET 20 ist die Regel 3 die Zusammenfassung der Regeln 3, 4 und 5 der ET 19 (Abb. 4.1), und die Regel 4 enthält die Regeln 6 und 7 der ET 19. Man bezeichnet eine Regel einer ET, die einen oder mehrere Oder-Striche enthält, auch als „Oder-Regel".

Zusammenfassen von Regeln mit Hilfe der Oder-Regel:

Die Oder-Regel kann dann zum Zusammenfassen von Regeln einer ET verwendet werden, wenn die Regeln dieselbe Aktionsfolge auslösen und von der Art sind:

		R1	R2	R3
Tab. Nr.	Bedingungen	J	–	–
		N	–	–
		–	N	–
		–	J	–
		–	J	–
		–	–	N
	Aktionen	X	X	X

Abb. 4.3

Man schreibt dann kurz:

		R1
Tab. Nr.	Bedingungen	J
		N/
		N
		J
		J/
		N
	Aktionen	X

Abb. 4.4

Während man durch den Übergang von begrenzten zu erweiterten ETn die Zahl der Bedingungs- und Aktionszeilen verringern kann, wird durch die Einführung einer Oder-Regel die Zahl der Regeln einer ET verkleinert. Natürlich ist die Verwendung des Oder-Striches auch bei erweiterten und gemischten ETn erlaubt. Betrachtet man hierzu die ET 82 (Abb. 2.27), dann kann man in dieser gemischten ET die Regeln 4 und 5 bzw. die Regeln 6 und 7 zu je einer Oder-Regel zusammenfassen (vgl. ET 18 in Abb. 4.5 Regel 4 und 5).

		R1	R2	R3	R4	R5	R6
18	Alter	< 14	< 14	–	≤ 18	≤ 18/	–
	Gruppe	J	–	J	J/	J	–
	Schüler	–	–	J	J	–	–
	Eintritt	0,50	1,–	0,50	1,–	1,50	2,–

Abb. 4.5

In allen Fällen sollte man nicht zuviele Oder-Striche in einer Regel aufführen, denn die leichte Lesbarkeit kann dann zumindest für Ungeübte verlorengehen.

So können zwar in der folgenden ET 99 (Abb. 4.6) die 7 Regeln durch Oder-Regeln zu 3 Regeln der ET 199 (Abb. 4.7) zusammengefaßt werden,

		R1	R2	R3	R4	R5	R6	R7
99	A = 1	J	–	N	J	–	–	–
	B = 2	N	–	J	J	–	–	–
	C = 3	–	–	N	–	N	–	–
	D = 4	J	–	N	–	–	J	–
	E = 5	–	J	N	–	–	N	–
	F = 6	–	N	J	–	–	–	N
	A = B	X	X					
	A = D			X				
	A = F				X	X	X	X

Abb. 4.6

es bedarf aber einer gewissen Übung, sich die Regel 3 der ET 199 als Zusammenfassung der Regeln 4 bis 7 der ET 99

		R1	R2	R3
199	A = 1	J	N	J
	B = 2	N	J	J/
	C = 3	–	N	N/
	D = 4	J/	N	J
	E = 5	J	N	N/
	F = 6	N	J	N
	A = B	X		
	A = D		X	
	A = F			X

Abb. 4.7

vorzustellen.

4.2 Aufruf einer Folge von Aktionen

Soll in einer ET eine Folge von Aktionen an verschiedenen Stellen des Aktionsteils ausgelöst werden, oder ist eine Aktionsanweisung sehr umfangreich, dann ist es übersichtlicher, wenn man die Aktionsfolge bzw. Anweisung an das Ende der ET stellt, und sie im Aktionsteil unter einer ihr zugeteilten Nummer aufruft.

		Regel 1	Regel 2	Regel 3
21	C = 0	J	N	N
	D = 0	–	J	N
	E =	20	30	40
	F =	5	10	
	Berechne X nach Formel 1			X
	Führe Block 5 aus	X	X	
	G =	1	2	
	Gehe nach ET 7	X	X	X
	Formel 1 X = 100 - (A + B) + B/C - C/D + F Block 5 A = B + 50 - E - F X = A + B - 40 C = 1 D = 1			

Abb. 4.8

Als zweite Aktion in der Regel 3 der ET 21 (Abb. 4.8) wird der Wert von X nach der Formel 1 berechnet, während als dritte Aktion der Regeln 1 und 2 jeweils die in dem Block 5 angeschriebene Aktionsfolge ausgelöst wird.

Die Anweisungen „Formel" und „Block" sind Aktionsanweisungen ohne Aktionsanzeigeteil, die am Ende einer ET stehen.

Ein weiterer Unterschied zwischen Formel und Block ergibt sich bei der Programmierung einer ET (6.), die diese Anweisungen enthält, wenn man sich an folgende Vereinbarung hält:

Die Anweisung „Führe Block 5 aus" löst einen Sprung nach dem nur einmal programmierten Block 5 aus, an dessen Ende ein Rücksprung organisiert wurde (Unterprogrammtechnik), während jeder Formel-Aufruf durch die programmierte Formel-Anweisung ersetzt wird. So würde man nach dieser Vereinbarung die ET 21 (Abb. 4.8) mit Hilfe der Regel für Regel-Methode (6.1) in der höheren Programmiersprache FORTRAN folgendermaßen programmieren:

```
      IF (C. EQ. 0.) GO TO 1
      IF (D. EQ. 0.) GO TO 2
C     AKTIONEN DER REGEL 3
      E = 40.
      X = 100. - (A + B) + B/C - C/D + F
      GO TO 7
C     AKTIONEN DER REGEL 1
    1 E = 20.
      F = 5.
C     RUECKSPRUNGORGANISATION
      II = 1
      GO TO 4
    5 G = 1.
      GO TO 7
C     AKTIONEN DER REGEL 2
    2 E = 30.
      F = 10.
C     RUECKSPRUNGORGANISATION
      II = 2
      GO TO 4
    6 G = 2.
      GO TO 7
```

```
C     AKTIONSFOLGE DES BLOCKES 5
    4 A = B + 50. - E - F
      X = A + B - 40.
      C = 1.
      D = 1.
C     RUECKSPRUNG
      GO TO (5, 6), II
```

4.3 Aufruf einer geschlossenen Entscheidungstabelle

Eine spezielle Art von ETn ist dann nützlich, wenn für eine Entscheidung bestimmte Überlegungen an verschiedenen Stellen immer wieder angestellt werden müssen. In diesem Fall möchte man die betreffenden Überlegungen nur einmal in eine ET fassen und diese von verschiedenen Stellen des Gesamtablaufs anspringen. Diese Art von ETn heißen *geschlossene* Entscheidungstabellen, im Gegensatz zu den bisher behandelten, die auch *offene* Entscheidungstabellen genannt werden. Geschlossene ETn können von jeder beliebigen Stelle des Gesamtablaufs aufgerufen werden. Nach dem Durchlaufen einer geschlossenen ET geht der logische Ablauf an der Stelle weiter, von wo aus die geschlossene ET aufgerufen wurde. Es entspricht in etwa einem Unterprogrammaufruf bei der Programmierung. Eine geschlossene ET unterscheidet sich von den bisher besprochenen ETn nur dadurch, daß bei ihr in jeder Regel als letzte Aktion nicht mehr eindeutig angegeben ist, welche ET als nächste zu durchlaufen ist, sondern hier heißt die letzte Aktion „zurückkehren" (Abb. 4.9).

Eine geschlossene ET kann an jeder Stelle des Aktionsteils einer ET aufgerufen werden.

In der ET 10 der Abb. 4.9 wird als zweite Aktion in allen drei Regeln die geschlossene ET 30 aufgerufen und, nachdem die ET 30 durchlaufen ist, zur dritten Aktion der ET 10 zurückgekehrt. Die dritte Aktion der ET 10 wird nur in Regel 2 ausgelöst, während in den beiden anderen Regeln sofort zur Aktion 4, d. h. zur ET 20 übergegangen wird. In der ET 20 wird als dritte Aktion der Regel 1 noch einmal die geschlossene ET 30 aufgerufen und nach dem Durchlaufen dieser ET zur vierten Aktion (STOP) der ET 20 zurückgekehrt.

Die Vorteile der Anwendung von geschlossenen ETn liegen in der Übersichtlichkeit und der Modularität. Weiß man, was in einer geschlossenen ET gemacht wird, dann ist es bei der Verfolgung eines Entscheidungsprozesses nicht nötig, von der aufrufenden ET zur gerufenen ET überzugehen, sondern man kann die nächste auszulösende Aktion in der rufenden ET ausführen. Auf der anderen

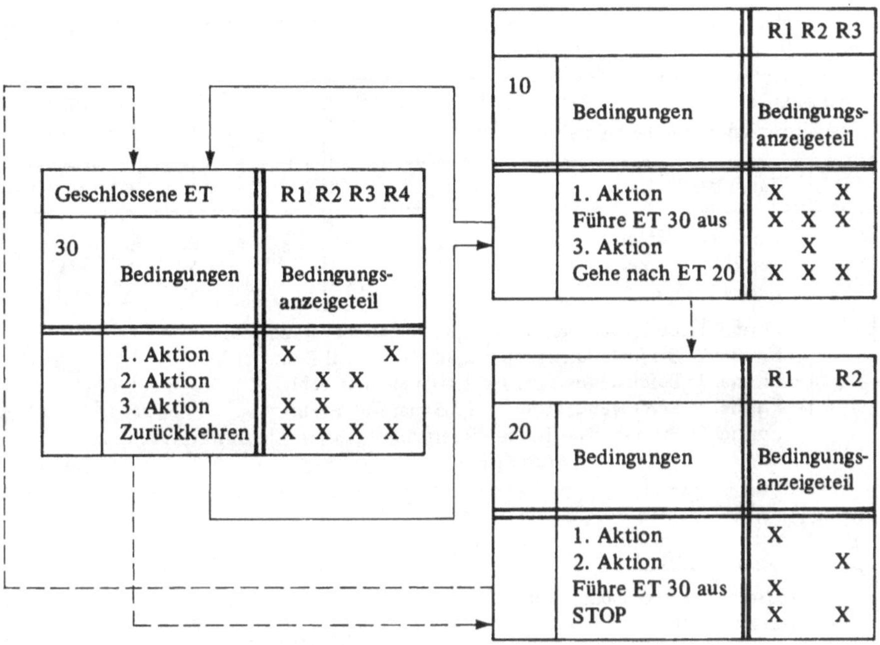

Abb. 4.9 Aufruf einer geschlossenen Entscheidungstabelle

Seite wird bei einer Änderung die geschlossene ET durch eine neue geschlossene ET ersetzt, während die aufrufenden ETn unverändert bleiben.

Beispiel: Es sollen die Haushaltsstromkosten, die Stromkosten für gewerblich genutzte Räume und die daraus resultierenden Gesamtstromkosten berechnet werden. Dabei setzt sich der Strompreis aus einem Arbeitspreis und einem Bereitstellungspreis zusammen. Der Arbeitspreis richtet sich im Haushaltstarif nach der Anzahl der bewohnten Räume und dem Jahresverbrauch und im Gewerbetarif nur nach dem Jahresverbrauch. Der Bereitstellungspreis richtet sich in beiden Fällen nach der Tarifklasse und soll in einer geschlossenen ET berechnet werden.

	Berechnung der Haushaltsstromkosten	R1	R2	R3	R4	R5
1	Haushalts-Raumzahl gleich	0	1	2	3	–
	Jahresverbrauch (kWh) kleiner als		1200	1440	1680	–
	Tarifklasse		H10	H10	H10	H7
	Arbeitspreis (DM) =		0,10	0,10	0,10	0,07
	Führe ET 5 aus		X	X	X	X
	Strompreis = 0	X				
	Haushaltsstromkosten = Strompreis	X	X	X	X	X
	Gehe nach ET 2	X	X	X	X	X

Abb. 4.10

	Geschlossene ET zur Berechnung des Bereitstellungspreises	R1	R2	R3	R4
5	Tarifklasse	H7	H10	GL7	GL10
	Berechne Formel	1	2	3	4
	Berechne Formel 5	X	X	X	X
	Zurückkehren	X	X	X	X
	Formel 1: Bereitstellungspreis = 5,30 + 1,40 mal Raumzahl Formel 2: Bereitstellungspreis = 2,30 + 0,90 mal Raumzahl Formel 3: Bereitstellungspreis = 3,10 mal Raumzahl Formel 4: Bereitstellungspreis = 1,75 mal Raumzahl Formel 5: Strompreis = 12 mal Bereitstellungspreis + Jahresverbrauch mal Arbeitspreis				

Abb. 4.11

	Stromkosten für gewerbliche Räume und Gesamtstromkosten	R1	R2	R3
2	Gewerbl. Raumzahl = 0	J	N	N
	Jahresverbrauch kleiner als 1000 kWh	–	J	N
	Tarifklasse		GL7	GL10
	Arbeitspreis (DM) =		0,07	0,10
	Führe ET 5 aus		X	X
	Strompreis = 0	X		
	Gewerbl. Stromkosten = Strompreis	X	X	X
	Berechne Formel 1	X	X	X
	STOP	X	X	X
	Formel 1: Gesamtstromkosten = Haushaltsstromkosten + Gewerbl. Stromkosten			

Abb. 4.12

Bei einer Änderung der Berechnungsgrundlage des Bereitstellungspreises wird die geschlossene ET 5 durch eine neue geschlossene ET ersetzt, während die ETn 1 und 2 unverändert bleiben.

4.4 Interne Ansprünge. Ablauftabellen

Während bei den bisher betrachteten ETn am Ende des Aktionsteils als Verzweigung ein Sprung an den Anfang einer anderen (oder evtl. derselben) ET oder ein „zurückkehren“ stand, ist es für manche Probleme vorteilhaft, wenn man im Aktionsteil auch Sprünge, sogenannte *interne Ansprünge*, nicht nur zum Anfang, sondern auch an bestimmte gekennzeichnete Stellen im Bedingungsteil derselben ET zuläßt.

Beispiel:

Hat man für jede der drei Größen A, B und C die Aufgabe, sie um 1 zu erhöhen, wenn sie nicht auf Null stehen, so kann das wie in der ET 21 (Abb. 4.13) geschehen.

		R1	R2	R3	R4	R5	R6	R7	R8
21	A ungleich Null	J	J	J	J	N	N	N	N
	B ungleich Null	J	J	N	N	J	J	N	N
	C ungleich Null	J	N	J	N	J	N	J	N
	Erhöhe A um 1	X	X	X	X				
	Erhöhe B um 1	X	X			X	X		
	Erhöhe C um 1	X		X		X		X	
	STOP	X	X	X	X	X	X	X	X

Abb. 4.13

Man kann den Bedingungsanzeigeteil der ET 21 einschränken, wenn man interne Ansprünge zuläßt (vgl. ET 22 in Abb. 4.14). Dabei soll die Aktion „Ansprung i" heißen, daß aus dem Aktionsteil in den Bedingungsteil zu der Bedingungszeile mit der Nummer i derselben ET zurückgesprungen wird.

ET mit internen Ansprüngen			R1	R2	R3	R4
22		A ungleich Null	J	–	–	–
	1	B ungleich Null	–	J	–	–
	2	C ungleich Null	–	–	J	–
		Erhöhe A um 1	X			
		Erhöhe B um 1		X		
		Erhöhe C um 1			X	
		Ansprung	1	2		
		STOP			X	X

Abb. 4.14

Man vergleiche dieses Beispiel mit dem Beispiel in 2.4 (Abb. 2.35) und beachte, daß man die ET 21 nicht durch einen Sprung an den Anfang derselben ET vereinfachen kann, wie das in 2.4. mit der ET 18 bzw. ET 19 (Abb. 2.34 und Abb. 2.35) geschah. Springt man nämlich in der ET 22 an Stelle des Ansprungs 1 wieder an den Anfang der ET 22, so wird man für alle Werte von A, die größer als Null sind, in einer endlosen Schleife verbleiben und niemals die Regel 1 der ET 22 verlassen. Entsprechendes gilt für die Regel 2 und alle Werte von B, die größer als Null sind.

Entscheidungstabellen, deren Aktionsteil interne Ansprünge enthalten, heißen auch *Ablauftabellen* [14].

Man sieht, daß bei Ablauftabellen die Verkleinerung des Bedingungsanzeigeteils zum Teil durch eine Vergrößerung des Aktionsteils erkauft wird. Außerdem geht der Vorteil der ET, die Übersicht über die gesamte Aktionsfolge, die bei einer bestimmten Bedingungskombination ausgelöst werden soll, zumindest bei Ablauftabellen mit einer größeren Zahl von Bedingungen und internen Ansprüngen verloren. Man sollte deshalb die Zahl der internen Ansprünge klein halten und bei größeren ETn mit geschlossenen ETn (4.3) arbeiten.

Will man in einer ET interne Ansprünge markieren, dann muß man darauf achten, um die Eindeutigkeit zu erhalten, daß der Bedingungsanzeigeteil die Diagonalform der Abb. 4.16 besitzt.

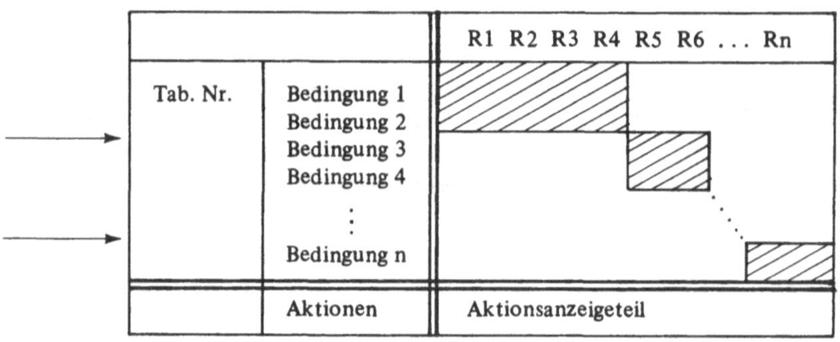

Abb. 4.16 Diagonalform einer Ablauftabelle

In dem Bedingungsanzeigeteil der Regeln R1, R2, . . ., Rn in Abb. 4.16 stehen nur in den mit gekennzeichneten Spalten J, N, – bzw. Teile der Bedingung, wobei die Anzahl der Regeln und Bedingungen für ein -Gebiet beliebig ist. Im übrigen enthält der Bedingungsanzeigeteil der Regeln nur Leerstellen. Mit einer internen Ansprungnummer werden nur die mit einem Pfeil versehenen Bedingungszeilen markiert.

Besitzt der Bedingungsanzeigeteil einer Ablauftabelle die angegebene Diagonalform, dann läßt sich die ET so programmieren (6.), daß ein interner Ansprung aus dem Aktionsteil durch eine einfache Sprunganweisung in den programmierten Bedingungsteil realisiert werden kann.

5. Anwendungsmöglichkeiten der Entscheidungstabellentechnik

In diesem Kapitel werden zunächst als Anwendungsbeispiele zwei in verbaler Form vorliegende Detailstudien aus der Technik und dem Personalwesen in Entscheidungstabellen umgeformt. Dabei soll vor allen Dingen gezeigt werden, wie man ein etwas umfangreicheres Problem in verschiedene ETn aufspaltet und diese miteinander verknüpft. In den ETn der Beispiele werden die verschiedenen Formen der ET-Technik benutzt, wobei im 1. Beispiel die ETn möglichst einfach aufgebaut sind und sequentiell durchlaufen werden, während man für das 2. Beispiel Kenntnisse des im 4. Kapitel beschriebenen Ausbaus der ET-Technik besitzen muß. Das Verständnis der beiden Beispiele wird durch je ein Zahlenbeispiel unterstützt, anhand dessen man den Ablauf durch die einzelnen ETn verfolgen kann.

Im zweiten Abschnitt werden die Vorteile der ETn als standardisiertes Dokumentationsmittel für komplexe logische Abläufe zusammenfassend dargestellt.

Den Abschluß bildet eine Aufzählung der Einsatzmöglichkeiten für ETn, die aber keinen Anspruch auf Vollständigkeit erhebt. Eine ausführliche Aufstellung der Einsatzmöglichkeiten für ETn ist in [5] gegeben.

5.1 Anwendungsbeispiele

In den beiden folgenden Beispielen werden wieder die schon früher gebrauchten Symbole

$<$ für kleiner als
$>$ für größer als
$\leqslant$ für kleiner oder gleich als
$\geqslant$ für größer oder gleich als

benutzt.

Beispiel 1: Stromentnahme [40]

Es sollen die Querschnitte von elektrischen Verteilungsleitungen berechnet werden, denen maximal in 4 Punkten gleichzeitig Strom entnommen werden kann.

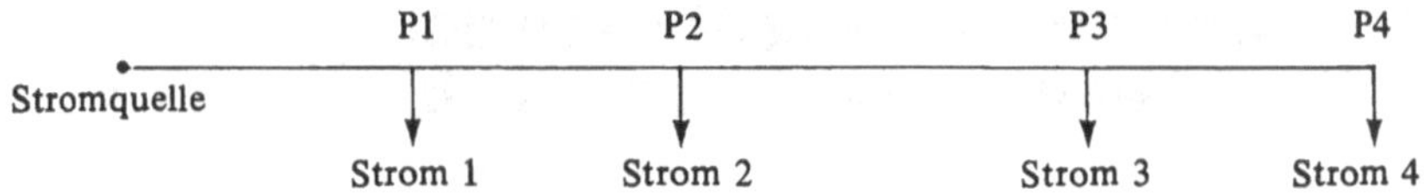

Länge n = Abstand Stromquelle zum Punkt Pn (n = 1, 2, 3, 4)

Abb. 5.1

Dabei sollen zu einmal vorgegebenen Werten von Länge 1, . . ., Länge 4 und der Stromstärken Strom 1, . . ., Strom 4 die verschiedenen Möglichkeiten der gleichzeitigen Stromentnahme in den Punkten P1, . . ., P4 bei der Querschnittsberechnung der Verteilungsleitung berücksichtigt werden. Zusätzlich soll gelten, daß bei einer Stromentnahme im Punkt P1 kein Strom im Punkt P3 entnommen werden darf. Zu einem berechneten Querschnitt soll aus einer Tabelle der nächst größere normierte Querschnitt herausgesucht und aufgeschrieben werden, für den die Gesamtstromstärke der entnommenen Ströme zulässig ist.

Vorgegeben werden folgende Größen:

Netzspannung,
prozentualer Spannungsverlust,
Material des Stromleiters (Kupfer, Aluminium, Zink),
Strom 1, . . ., Strom 4,
Länge 1, . . ., Länge 4 und
Stromentnahmemöglichkeiten in den Punkten P1, . . ., P4.

Lösung:

Bedingungslose ET zur Vorbesetzung der entnommenen Stromstärken mit Null		Regel 1
1	Entnahme 1 = 0	X
	Entnahme 2 = 0	X
	Entnahme 3 = 0	X
	Entnahme 4 = 0	X
	Gehe nach ET 5	X

Abb. 5.2

	Begrenzte ET zur Berechnung der Stromentnahme	R1	R2	R3	R4	R5	R6	R7	R8	R9	R10	R11	R12	R13
5	Stromentnahme in P1	J	J	J	J	J	N	N	N	N	N	N	N	N
	in P2	–	J	J	N	N	J	J	J	J	N	N	N	N
	in P3	J	N	N	N	N	J	J	N	N	J	J	N	N
	in P4	–	J	N	J	N	J	N	J	N	J	N	J	N
	Entnahme 1 = Strom 1		X	X	X	X								
	Entnahme 2 = Strom 2		X	X			X	X	X	X				
	Entnahme 3 = Strom 3						X	X			X	X		
	Entnahme 4 = Strom 4		X		X		X		X		X		X	
	Schreibe: Gleichzeitige Stromentnahme in P1 und P3 nicht erlaubt	X												
	Gehe nach ET 1 und verarbeite die nächsten Eingabedaten	X												
	Gehe nach ET 6		X	X	X	X	X	X	X	X	X	X	X	
	STOP													X

Abb. 5.3

	Berechnung des Gesamtstroms und der Momentensumme	Regel 1
6	Berechne Formel 1	X
	Berechne Formel 2	X
	Gehe nach ET 7	X
	Formel 1: Gesamtstrom = Entnahme 1 + Entnahme 2 + Entnahme 3 + Entnahme 4	
	Formel 2: Momentensumme = Länge 1 · Entnahme 1 + . . . + Länge 4 · Entnahme 4	

Abb. 5.4

	Erweiterte ET zur Berechnung des Querschnitts	Regel 1	Regel 2	Regel 3
7	Leitung aus	Kupfer	Alumin.	Zink
	Spezif. Widerstand =	0,0175	0,035	0,063
	Berechne Formel 1	X	X	X
	Berechne Formel 2	X	X	X
	Gehe nach ET 8	X	X	X
	Formel 1: Spannungsverlust = (Netzspannung · proz. Spannungsverlust)/100			
	Formel 2: Querschnitt = (2 · spez. Widerstand · Momentensumme)/Spannungsverlust			

Abb. 5.5

	Zu dem in ET 7 berechneten Querschnitt wird der nächst größere normierte Querschnitt bestimmt	R1	R2	R3	R4	R5	R6	R7	R8	R9	R10	R11	R12
8	Querschnitt ≤	1	2,5	4	10	17	35	50	70	95	120	150	–
	Norm. Querschnitt =	1	2,5	4	10	17	35	50	70	95	120	150	
	Für den Querschnitt zul. Stromstärke	10	20	25	43	75	125	160	200	240	280	325	
	Schreibe: Kein normierter Querschnitt vorhanden												X
	Gehe nach ET 9	X	X	X	X	X	X	X	X	X	X	X	
	Gehe nach ET 1 und verarbeite die nächsten Eingabedaten												X

Abb. 5.6

	Endgültiger Querschnitt. Bei zu hohem Gesamtstrom Vergrößerung des Querschnitts	Regel 1	Regel 2
9	Gesamtstrom ≤ zul. Strom	J	N
	Erhöhe den Querschnitt um 1		X
	Schreibe als Ergebnis den erhaltenen Querschnitt	X	
	Gehe nach ET 1 und verarbeite die nächsten Eingabedaten	X	
	Gehe nach ET 8		X

Abb. 5.7

Für vorgegebene Eingabegrößen (Bedingungskombinationen) werden zuerst in der bedingungslosen ET 1 (Abb. 5.2) die 4 Größen Entnahme 1, . . ., Entnahme 4 auf Null gesetzt und zur ET 5 übergegangen. Die ET 5 (Abb. 5.3) ist eine begrenzte ET, in deren Bedingungsanzeigeteil man zunächst alle Bedingungskombinationen der Stromentnahme in 4 Punkten eingetragen hatte (2.1.1), um dann die Regeln zur komplexen Regel 1 zusammenzufassen, die die zusätzliche Bedingung erfüllen, daß gleichzeitig im Punkt P1 und im Punkt P3 Strom entnommen wird, was laut Aufgabenstellung verboten ist. Je nachdem in welchem Punkt Strom entnommen werden soll, wird ein Teil der Größen Entnahme 1, . . ., Entnahme 4 gleich der betreffenden Stromstärke gesetzt, während der übrige Teil Null als Stromstärke der Vorbesetzung in ET 1 beibehält.

Durch die übersichtliche Form der ETn kann man auch in der ET 5 schnell feststellen, welche Bedingungskombinationen eine oder mehrere bestimmte Aktionen auslösen. Außerdem ist es jederzeit möglich, eine bestimmte Bedingungskombination auszuschließen, indem man in der betreffenden Regel die entsprechende Aktionsfolge der Regel 1 ankreuzt. In der ET 6 (Abb. 5.4) werden Zwischengrößen für die Berechnung des Leitungsquerschnitts bestimmt, der in der ET 7 (Abb. 5.5) berechnet wird.

In der ET 8 sind im Bedingungsanzeigeteil die normierten Querschnitte und im Aktionsanzeigeteil die dazu zulässigen Stromstärken aufgeführt. Die „links vor rechts"-Abarbeitungsvorschrift ermöglicht es, den Bedingungsanzeigeteil in der angegebenen einfachen Form aufzubauen. Es ist nicht nötig, in den einzelnen Regeln die untere und obere Intervallschranke für den Querschnitt aufzuschreiben, also in Regel 1: „von 0 bis 1"; in Regel 2: „von 1,1 bis 2,5" usw.. Die ET 8 besagt dasselbe, denn es wird z. B. die Bedingung der Regel 2 nur dann abgefragt, wenn der Querschnitt größer als 1 ist, und sie ist erfüllt, wenn der Querschnitt außerdem kleiner oder gleich 2,5 ist. Auch hier lassen sich Änderungen durch Hinzunahme oder Streichungen von bestimmten Querschnitten jederzeit leicht durchführen.

In der ET 9 (Abb. 5.7) wird geprüft, ob die gesamte Stromstärke größer als die zulässige Stromstärke ist. Wenn das der Fall ist, dann wird der nächstgrößere normierte Querschnitt gesucht. Das geschieht dadurch, daß man den gefundenen Querschnitt um einen Quadratmillimeter erhöht und noch einmal die ET 8 durchläuft. Im anderen Fall erhält man als Ergebnis den Querschnitt der Verteilungsleitung.

Zahlenbeispiel:

Eingabewerte: Netzspannung = 220 V
Spannungsverlust = 1,5%
Material: Kupfer
Stromstärken: 10, 5, 20, 10 Ampére

Längen: 15, 35, 65, 80 Meter
Stromentnahmepunkte: P2, P3, P4 (1. Fall)
P4 (2. Fall)
keine

Die ETn werden in der Reihenfolge aufgeführt, in der man sie durchläuft. Für die einzelnen berechneten Größen werden keine Maßeinheiten angegeben.

ET 1, Regel 1:	Entnahme 1 = . . . = Entnahme 4 = 0
ET 5, Regel 6:	Entnahme 2 = 5
	Entnahme 3 = 20
	Entnahme 4 = 10
ET 6, Regel 1:	Gesamtstrom = 35
	Momentensumme = 2275
ET 7, Regel 1:	Spez. Widerstand = 0,0175
	Spannungsverlust = 3,3
	Querschnitt = 24,1
ET 8, Regel 6:	Normierter Querschnitt = 35
	Zulässige Stromstärke = 125
ET 9, Regel 1:	Ergebnis: Querschnitt = 35
	(1. Fall beeendet)
ET 1, Regel 1:	Entnahme 1 = . . . = Entnahme 4 = 0
ET 5, Regel 12:	Entnahme 4 = 10
ET 6, Regel 1:	Gesamtstrom = 10
	Momentensumme = 800
ET 7, Regel 1:	Spez. Widerstand = 0,0175
	Spannungsverlust = 3,3
	Querschnitt = 8,4
ET 8, Regel 4:	Normierter Querschnitt = 10
	Zulässige Stromstärke = 43
ET 9, Regel 1:	Ergebnis: Querschnitt = 10
	(2. Fall beendet)
ET 1, Regel 1:	Entnahme 1 = . . . = Entnahme 4 = 0
ET 5, Regel 13:	STOP

Beispiel 2: Weihnachtsgeld

Die Mitarbeiter der Firma Meier erhalten Weihnachtsgeld nach folgender Regelung:

1. | Betriebszugehörigkeit | Festbetrag |
|---|---|
| 6 bis unter 12 Monate | 50,– DM |
| 1 bis unter 3 Jahre | 200,– DM |

3 bis unter 10 Jahre	350,– DM
10 bis unter 25 Jahre	450,– DM
25 und mehr Jahre	500,– DM

2. Zum unter 1. angeführten Festbetrag kommt ein variabler Teil:

Betriebszugehörigkeit	Variabler Betrag
3 bis unter 10 Jahre	15% des Monatsgehaltes
10 bis unter 25 Jahre	25% des Monatsgehaltes
25 und mehr Jahre	30% des Monatsgehaltes

Dieser Betrag darf jedoch 1000,– DM nicht übersteigen.

3. Der nach 2. berechnete variable Teil erhöht sich bei Mitarbeitern mit Kindern um 2% des Monatsgehaltes pro Kind, maximal jedoch um 10%.

4. Arbeitnehmer, die vor Jahresende ihre Kündigung einreichen, erhalten kein Weihnachtsgeld.

5. Für Lehrlinge und Praktikanten gelten Sonderregelungen:

   a) Lehrlinge, deren Ausbildungsverhältnis mindestens 3 Monate besteht, erhalten

im 1. Lehrjahr	50,– DM
im 2. Lehrjahr	150,– DM
im 3. Lehrjahr	175,– DM
im 4. Lehrjahr	225,– DM

   b) Praktikanten, deren Praktikantenverhältnis mindestens 6 Monate besteht, erhalten

im 1. Jahr	50,– DM
im 2. Jahr	150,– DM

Lösung:

1	Eingabe Feststellen:	Regel 1
	Kündigungszustand	X
	Betriebszugehörigkeit	X
	Monatsgehalt	X
	Kinderzahl	X
	Lehrling, Praktikant	X
	Gehe nach ET 3	X

Abb. 5.8

	Sprungverteiler und Endergebnis	Regel 1	Regel 2	Regel 3
3	Gekündigt	J	–	–
	Lehrling	–	J/	–
	Praktikant	–	J	–
	Ausführen der ET		4	5
	Weihnachtsgeld = 0, –	X		
	Schreibe als Ergebnis das errechnete Weihnachtsgeld	X	X	X
	STOP	X	X	X

Abb. 5.9

	Lehrlinge und Praktikanten	R1	R2	R3	R4	R5
4	Betriebszugehörigkeit	< 3 Mon./	⩾ 3 J.	⩾ 2 J.	⩾ 1 J.	–
	Betriebszugehörigkeit < 6 Mon.	J	–	–	–	–
	Praktikant	J	–	–	–	–
	Weihnachtsgeld =	0,–	225,–	175,–	150,–	50,–
	Zurückkehren	X	X	X	X	X

Abb. 5.10

	Weihnachtsgeld (W) und variabler Betrag (V)	R1	R2	R3	R4	R5	R6
5	Betriebszugehörigkeit <	6 Mon.	1 J.	3 J.	10 J.	25 J.	–
	Weihnachtsgeld =	0,–	50,–	200,–	350,–	450,–	500,–
	Prozentsatz =				0,15	0,25	0,3
	Berechne Formel 1				X	X	X
	Berechne Formel 2				X	X	X
	Führe ET 6 aus				X	X	X
	Erhöhe W um V				X	X	X
	Zurückkehren	X	X	X	X	X	X

Formel 1:
Variabler Betrag V = Lohn mal Prozentsatz

Formel 2:
Kinderzulage = 0,02 mal Kinderzahl

Abb. 5.11

Maximum für den variablen Betrag V und die Kinderzulage			R1	R2	R3
6		V > 1000,–	J	–	–
	66	Kinderzulage > 0,1	–	J	–
		V = 1000,–	X		
		Ansprung 66	X		
		Erhöhe V um		Lohn mal 0,1	Lohn mal Kinderzul.
		Zurückkehren		X	X

Abb. 5.12

Zur Lösung der Aufgabe des 2. Beispiels werden mehrere geschlossene ETn (4.3) eingesetzt. Nachdem die Personaldaten in der ET 1 (Abb. 5.8) festgestellt werden, unterscheidet man in der ET 3 (Abb. 5.9) drei Gruppen: Gekündigt (Regel 1), Lehrling oder Praktikant (Regel 2) und sonstige Mitarbeiter (Regel 3). In der Regel 2 wird als erste Aktion die geschlossene ET 4 (Abb. 5.10) aufgerufen, dort das Weihnachtsgeld des Lehrlings oder Praktikanten errechnet und zur zweiten Aktion der ET 3 zurückgekehrt, die aber in der zweiten Regel nicht ausgelöst werden soll, sondern erst die dritte Aktion („Ergebnis schreiben"). Entsprechendes gilt für die Regel 3 der ET 3, wo die geschlossene ET 5 (Abb. 5.11) aufgerufen wird, die ihrerseits in den Regeln 4, 5 und 6 die geschlossene ET 6 (Abb. 5.12) aufruft, um dort den variablen Betrag und die Kinderzulage endgültig zu berechnen. In den ETn 4 und 5 wird bei der Angabe von Zeitintervallen wieder die „links vor rechts"-Abarbeitungsvorschrift ausgenützt und nur die untere bzw. die obere Intervallschranke angegeben (vgl. ET 8 im 1. Beispiel).

Zahlenbeispiel:

ET 1, Regel 1:	Kündigungszustand : Nicht gekündigt
	Betriebszugehörigkeit : 26 Jahre
	Monatsgehalt : 3800,– DM
	Kinderzahl : 3
	Lehrling, Praktikant : Nein
ET 3, Regel 3:	Aufruf der ET 5
ET 5, Regel 6:	Weihnachtsgeld = 500,–
	Prozentsatz = 0,3
	Variabler Betrag = 1140,–
	Kinderzulage = 0,06
	Aufruf der ET 6

ET 6, Regel 1:	Variabler Betrag = 1000,–
ET 6, Regel 3:	Variabler Betrag = 1228,–
ET 5, Regel 6 (6. Aktion) :	Weihnachtsgeld = 1728,–
ET 3, Regel 3: (2. Aktion):	Ergebnis: Weihnachtsgeld = 1728,– DM STOP

5.2 Standardisierte Dokumentation durch Entscheidungstabellen

Von einem zweckmäßigen Dokumentationsmittel für Entscheidungsprozesse, die einem Zwangsablauf unterliegen, verlangt man folgende Kriterien:

1. Der Entscheidungsprozess soll übersichtlich und klar verständlich dokumentiert sein.
2. Die Entscheidungsfindung kann anhand der Dokumentation eindeutig und vollständig vorgenommen werden.
3. Die Dokumentationsform soll leicht erlernbar sein.
4. Änderungen sollen rasch und mit minimalem Aufwand möglich sein.
5. Der Anwender soll den Eindruck besitzen, er arbeite immer mit dem gleichen Mittel.
6. Die Form soll flexibel für die verschiedenen Entscheidungsprozesse sein.

Diese Kriterien werden von Entscheidungstabellen in besonderem Maße erfüllt:

ad 1 Der Entscheidungskomplex wird bei ETn durch ihre Aufteilung in die 4 Felder (Bedingungs-, Bedingungsanzeige-, Aktions-, Aktionsanzeigeteil) und durch das Aussparen reiner Verknüpfungsworte wie „wenn . . . dann“, „und“, „oder“ usw. auf die wesentlichen Fakten reduziert. Unklare Ausdrucksweisen entfallen damit. Die Logik zwischen Voraussetzung und Folgen wird unmittelbar anschaulich dargestellt (Transparenz).

ad 2 Durch Entscheidungstabellen wird erzwungen, daß die Logik eines komplexen Entscheidungsprozesses eindeutig festgelegt werden muß. Sie verhindern Informationsentstellung und erlauben keinen Interpretationsspielraum. Entscheidungstabellen sind sowohl ein Analyse- als auch ein Kontrollinstrument dafür, welche Voraussetzungen für welche Aktionsfolgen berücksichtigt werden müssen bzw. wurden (Vollständigkeit). Sie gestatten es, was besonders für Änderungen (Punkt 4) wichtig ist, komplexe Entscheidungssituationen in übersichtliche Teilabschnitte zu zerlegen (Modularität).

ad 3 Die ET-Technik ist einfach zu erlernen und zu handhaben, da der Umgang mit ähnlichen Tabellen im täglichen Leben gewohnt ist (Fahrplan, Inhaltsverzeichnisse etc.) Es bedarf nur einer geringen Einarbeitungszeit, um mit ETn arbeiten zu können.

ad 4 In einer ET sind die Stellen für eine Änderung sofort ersichtlich. Zudem erleichtert die Modularität die Änderungen insoweit, als nur einzelne Teile geändert werden müssen. Dabei ist es der Ausnahmefall, daß eine ET völlig neu konzipiert werden muß. Normalerweise werden bei Änderungen einige Regeln korrigiert, hinzugefügt oder weggelassen. Der Änderungsdienst ist weitgehend unabhängig vom Ersteller der ETn. Auch ein sachkundiger Dritter ist jederzeit in der Lage, Änderungen vorzunehmen. Dadurch ist die Dokumentation immer auf dem neuesten Stand zu halten und erleichtert z. B. die Überwachung eines im Aufbau befindlichen Projekts.

ad 5 Änderungen in einer ET betreffen nur den Inhalt, nicht die formale Gestalt der ET. Die Arbeitsweise mit ETn bleibt immer dieselbe, unabhängig von der Zahl der Änderungen.

ad 6 Die formale Gestalt der ETn läßt eine allgemeine Verbreitung für die verschiedensten Probleme zu. Damit sind sie als Kommunikationsmittel für die verschiedenen Bereiche eines Unternehmens geeignet.

Entscheidungstabellen können demnach als standardisiertes Dokumentationsmittel für komplexe logische Abläufe, die eine Vielzahl von logischen Verzweigungen enthalten, sowohl im kommerziellen Bereich als auch auf dem technisch-wissenschaftlichen Gebiet eingesetzt werden.

5.3 Einsatzmöglichkeiten

Im folgenden sind einige Arbeitsgebiete aufgezählt, in denen entweder bereits mit Entscheidungstabellen gearbeitet wird, oder die geeignet sind für den Einsatz von Entscheidungstabellen und der ET-Technik. Man vergleiche hierzu auch die unter [5] und [43–47] angegebene Literatur.

1. Vertriebswesen

Angebotserstellung und Auftragsbearbeitung	Angebots- und Auftragsbearbeitung in der kundenwunschabhängigen Variantenfertigung aufgrund vorhandener Serienteile und standardisierter Baugruppen oder von erforderlichen Neuentwicklungen. Festlegen der Liefer- und Zahlungsbedingungen.

Kundenstammdatei	Aufbau und Aktualisierung von Kundendaten.
2. *Konstruktion*	Erstellen von Konstruktionsdaten für das zu entwickelnde Erzeugnis. Optimierungsberechnungen. Auswahl von Produktionsvarianten, die den Kundenwünschen am besten entsprechen. Stücklistenermittlung.
3. *Arbeitsplanerstellung*	Ermittlung der Art und Reihenfolge der notwendigen Arbeitsgänge in der Variantenfertigung.
4. *Lagerung*	Aufbau und Aktualisierung einer Lagerbewegungsdatei. Lagernachweis. Beschickung von dezentralen Lagern. Dispositionsrechnung.
5. *Personalwesen*	Lohn- und Gehaltsrechnung unter Berücksichtigung von Zulagen und Abzügen. Aufstellung von Prämiensystemen wie Weihnachtsgeld etc.
6. *Rechnungswesen*	Prüfung der Eingangsrechnungen und -gutschriften; Bestimmung von Festpreisen und Ratenzahlung. Kontenüberwachung.
7. Organisation und Datenverarbeitung	Systemanalyse Systembeschreibung Programmvorgabe Programmiersprache zur Lösung von komplexen logischen Problemen Programmdokumentation

6. Manuelle Übersetzung von Entscheidungstabellen in ein Computerprogramm

Der Anwendungsbereich der Entscheidungstabellentechnik ist nicht auf die Analyse, Dokumentation und Problemlösung von komplexen Systemen begrenzt, sondern ETn können ferner Ausgangsbasis für ein Computerprogramm sein. Hat man den Ablauf irgendeines Entscheidungsprozesses einmal in Entscheidungstabellen gefaßt, dann kann jederzeit eine Hilfskraft vorgegebene Eingabedaten anhand der ETn verarbeiten und die durch die ETn festgesetzten Entscheidungen treffen. Ein weiterer Schritt ist es, diese Hilfskraft durch einen Computer zu ersetzen, d. h. die ETn und die Eingabedaten dem Computer einzugeben, und die Entscheidungen maschinell anhand der ETn treffen zu lassen. Dazu müssen die ETn in ein Computerprogramm umgewandelt werden. Das kann grundsätzlich auf zwei Arten geschehen:

1. Die ETn werden manuell in eine vom Computer verstandene Sprache übersetzt (z. B.: höhere Programmiersprache, Maschinensprache etc.).
2. Die ETn werden selbst als eine Programmiersprache aufgefaßt und vom Computer automatisch umgewandelt.

Die zweite Möglichkeit wird in Kapitel 7 behandelt. Hier soll die erste Möglichkeit näher betrachtet werden.

Bei der manuellen Übersetzung von ETn ersetzen die ETn die sonst übliche Programmvorgabe der Flußdiagramme. Man setzt also nicht die ETn in Flußdiagramme um und beginnt dann zu programmieren, sondern man programmiert direkt die ETn, und dafür gibt es verschiedene Methoden, die im folgenden erklärt werden. Diese Methoden kann man in zwei Gruppen einteilen:

Man legt entweder das Hauptgewicht auf möglichst kleine Laufzeiten oder auf möglichst wenig Speicherplatzverbrauch des erzeugten Programms.

Man sollte sich deshalb am Anfang einer manuellen Übersetzung von ETn überlegen, ob man nicht einen Teil der ETn, nämlich die am häufigsten durchlaufenen, nach der einen Methode (optimale Laufzeit) und die anderen nach der anderen Methode (optimaler Speicherplatzverbrauch) programmiert.

Noch eine kurze Bemerkung zu den Programmbeispielen in den folgenden Abschnitten. Alle Programmbeispiele sind entweder in FORTRAN [7] oder COBOL [8] abgefaßt, nicht weil man ETn immer in diesen beiden Sprachen programmieren soll, sondern weil der Autor hofft, daß man auch mit geringen Kenntnissen dieser Programmiersprachen an den Beispielen die zugrunde gelegten Methoden besser versteht, was bei Assemblersprachen etc. nur durch vorausgehende längere Vereinbarungen über den Befehlscode erreicht wird. Die

Programmstücke enthalten auch oft nur die für die Erklärung der Methode wesentlichen Anweisungen und sind keineswegs immer ein vollständiges, korrektes Programm.

6.1 Übersetzung Regel für Regel

Eine einfache Methode, die sich besonders bei der Übersetzung von kleinen ETn eignet, besteht darin, die einzelnen Regeln von links nach rechts, jede für sich zu codieren.

Beispiel:

		Regel 1	Regel 2	Regel 3
7	A = B	J	J	N
	C = 5	J	–	–
	D < 4	N	J	–
	Erhöhe A um 6	X		
	D = 4		X	
	A = 0			X
	STOP	X	X	X

Abb. 6.1

Regel für Regel codiert, lautet der zugehörige COBOL-Programmteil:

```
IF A EQUAL B AND C EQUAL 5 AND D NOT LESS 4
ADD 6 TO A ELSE
IF A EQUAL B AND D LESS 4
MOVE 4 TO D ELSE
IF A NOT EQUAL B
MOVE 0 TO A ELSE GO TO FEHLER.
STOP RUN.
```

Dasselbe in FORTRAN programmiert, lautet:

```
      IF(A.EQ.B.AND.C.EQ.5..AND.D.GE.4.) GO TO 71
      IF(A.EQ.B.AND.D.LT.4.) GO TO 72
      IF(A.NE.B) GO TO 73
C     FEHLERAUSGANG 99
      GO TO 99
   71 A = A + 6.
      STOP
   72 D = 4.
      STOP
   73 A = 0.
      STOP
```

Da die ET 7 des Beispiels nicht vollständig ist (2.2), werden mit dem Fehlerausgang FEHLER bzw. 99 sicherheitshalber alle eingebbaren Bedingungskombinationen abgefangen, die durch die ET 7 nicht abgedeckt sind.

Damit man nicht immer wieder die einzelnen Bedingungen explizit überprüfen muß, kann man nach einmaliger Überprüfung aller Bedingungen sogenannte „Programmschalter" setzen, und diese im weiteren Verlauf abfragen. Für die obige ET 7 heißt das in FORTRAN, wenn die Programmschalter S1, S2 und S3 zunächst auf „falsch" gesetzt werden:

```
S1 = .FALSE.
S2 = .FALSE.
S3 = .FALSE.
IF(A.EQ.B) S1 = .TRUE.
IF(C.EQ.5.) S2 = .TRUE.
IF(D.LT.4.) S3 = .TRUE.
IF(S1.AND.S2.AND..NOT.S3) GO TO 71
IF(S1.AND.S3) GO TO 72
IF(.NOT.S1) GO TO 73
          :    wie oben
```

Entsprechend ändert sich das COBOL-Programm.

Allerdings muß man *voraussetzen,* um hier Programmschalter setzen zu können, daß jede Bedingung für sich in der betreffenden Programmiersprache vollständig definiert ist. Denn betrachtet man als Gegenbeispiel die folgende ET 9:

		Regel 1	Regel 2
9	L = 0	J	N
	M < K/L	–	J
	M =	0	K

Abb. 6.2

Das entsprechende FORTRAN-Programm

```
S1 = .FALSE.
S2 = .FALSE.
IF(L.EQ.0) S1 = .TRUE.
IF(M.LT.K/L) S2 = .TRUE.
     :
```

wird für L = 0 falsch, denn K/L ist dann nicht definiert. Analoges gilt für das COBOL-Programm.

Wenn man abschätzen kann, wie häufig die einzelnen Regeln benutzt werden, dann werden durch die Anordnung der Regeln von links nach rechts nach abnehmender Häufigkeit die Ausführungszeiten der Anweisungen klein gehalten. Natürlich müssen dazu die Regeln untereinander vertauschbar sein (2.1.4).

Werden die Regeln gleich häufig benutzt, dann ist es für die Ausführungszeiten der Anweisungen günstig, wenn man die Regeln von links nach rechts nach abnehmender Anzahl der Leerstellen anordnet, wobei wieder die Voraussetzung gelten muß, daß die Regeln vertauschbar sind. Für die ET 7 in Abb. 6.1 würde demnach zunächst die Regel 3, dann die Regel 2 und schließlich die Regel 1 programmiert.

Bei der „Regel für Regel"-Technik wird im gesamten erzeugten Programm jede Bedingung so oft abgefragt, wie Nichtleerstellen im Bedingungsanzeigeteil vorhanden sind.

Eine Möglichkeit, die Zahl der Abfragen zu verkleinern und damit Speicherplatz zu sparen, ergibt sich durch die folgende Technik des Entscheidungsbaumes.

6.2 Entscheidungsbaum-Methode

Im Gegensatz zur Übersetzungstechnik „Regel für Regel", bei der man jede Regel für sich abarbeitet, und dieselbe Bedingung immer wieder abgefragt wird, geht man bei der Entscheidungsbaum-Methode von der Überprüfung der einzelnen Bedingungen aus und versucht, die einzelnen Regeln nach und nach zu eliminieren, indem man das Ergebnis einer Bedingungsprüfung nicht „vergißt", sondern für die weitere Abarbeitung benutzt.

Als Beispiel sei die folgende begrenzte ET genommen:

		Regel 1	Regel 2	Regel 3
14	Bedingung 1	J	J	N
	Bedingung 2	J	N	J
	Bedingung 3	N	–	J
	Bedingung 4	N	N	N
	Aktion 1	X	X	
	Aktion 2	X		X
	Aktion 3		X	X

Abb. 6.3

Man spaltet den Bedingungsanzeigeteil der ET in zwei Teiltabellen auf, die beide die 1. Bedingung nicht mehr enthalten, wobei die eine Tabelle alle Regeln umfaßt, für die im Bedingungsanzeigeteil der 1. Bedingung „J" oder „–" stehen, und in der anderen Tabelle alle Regeln gesammelt sind, die als Bedingungsanzeiger der 1. Bedingung „N" oder „–" besitzen.

	R1	R2	R3
B1	J	J	N
B2	J	N	J
B3	N	–	J
B4	N	N	N

B1: J →

	R1	R2
B2	J	N
B3	N	–
B4	N	N

B1: N →

	R3
B2	J
B3	J
B4	N

Abb. 6.4

Wendet man dieses Verfahren wieder auf die Teiltabellen an usw., dann erhält man die Verzweigung der Abb. 6.5.

Läßt man die zur besseren Übersicht aufgeschriebenen Teiltabellen in Abb. 6.5 wegfallen, dann erhält man einen *Entscheidungsbaum* für die ET 14 (Abb. 6.6).

Der Entscheidungsbaum einer ET stellt ein Netz von einfachen Verzweigungen dar, das für jede Bedingungskombination der ET Auskunft gibt, welche Aktionen ausgeführt werden, oder ob man einen Fehlerausgang erreicht hat, was bedeutet, daß die betreffende Bedingungskombination nicht durch die ET abgedeckt wird. Der Fehlerausgang entspricht einer nachträglich in die ET angefügten ELSE-Regel (2.3). Mit der Entscheidungsbaum-Methode wird bei der Umwandlung einer ET demnach gleichzeitig festgestellt, ob für die ET Bedingungskombinationen existieren, die durch die ET nicht abgedeckt werden. Allerdings kann man damit nicht prüfen, ob diese Bedingungskombinationen für die ET eingebbar sind (1.4.1), d. h. ob die ET vollständig ist (2.2).

Zur Vollständigkeit kann man nur sagen, daß eine ET vollständig ist, wenn ihr Entscheidungsbaum keinen Fehlerausgang besitzt. Die Umkehrung des Satzes gilt aber nicht immer. Eine ET, deren Entscheidungsbaum einen Fehlerausgang enthält, kann trotzdem vollständig sein, wenn der Fehlerausgang von einer nicht eingebbaren Bedingungskombination herrührt.

Der Entscheidungsbaum einer ET, und damit die ET selbst, läßt sich in ein Programm übersetzen, indem man für jede Verzweigung (Knoten) des Entscheidungsbaums eine Verzweigungsanweisung programmiert. Für COBOL oder FORTRAN

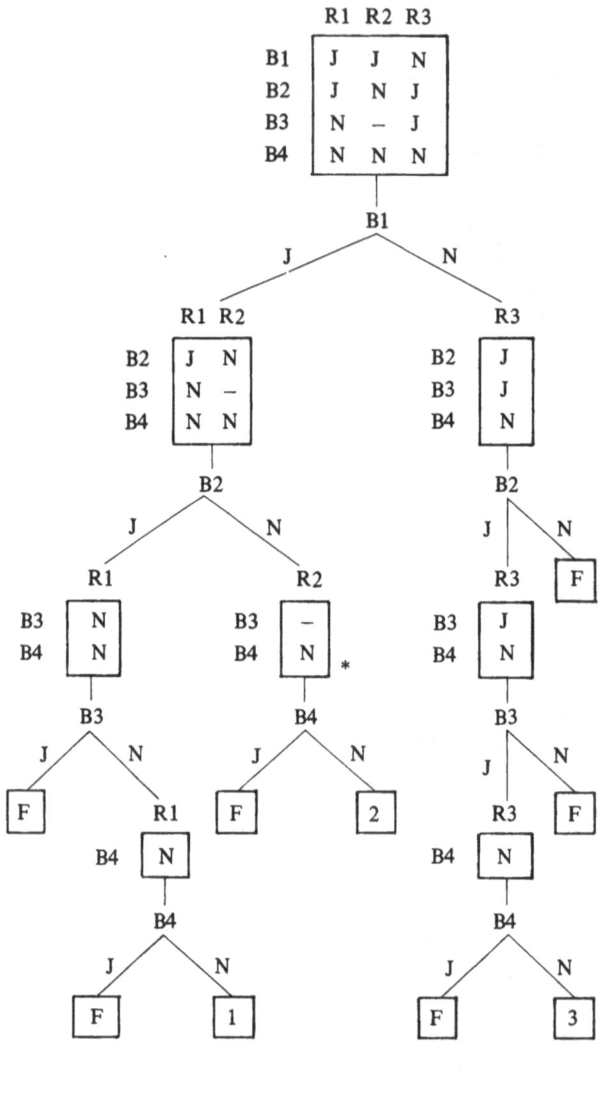

Abb. 6.5 Aufspalten eines begrenzten Bedingungsanzeigeteils in Teiltabellen (Wegen der Bezeichnung vgl. Abb. 6.6)

* An dieser Stelle muß die Bedingung 3 nicht abgefragt werden, da in jedem Fall in der Regel 2 geblieben und zur Bedingung 4 übergegangen wird.

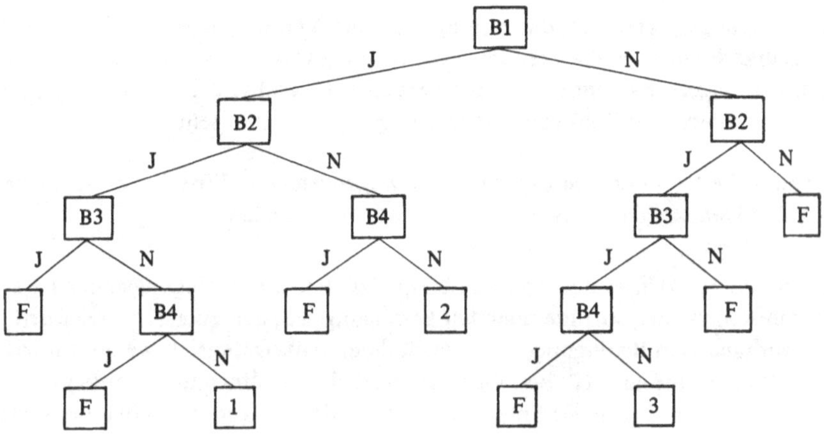

B1, B2, B3, B4	Bedingung 1 bis 4
1	Aktionen der Regel 1
2	Aktionen der Regel 2
3	Aktionen der Regel 3
F	Fehlerausgang

Abb. 6.6 Entscheidungsbaum für eine Entscheidungstabelle

sind das die entsprechenden IF-Anweisungen wie in 6.1. Nach der „Regel für Regel"-Methode muß man für die ET 14 in Abb. 6.3 elfmal eine der Bedingungen B1 bis B4 im erzeugten Programm abfragen, während das bei der Entscheidungsbaum-Methode nur achtmal nötig ist.

In einer ET ist die Reihenfolge der Bedingungen beliebig. Man darf die Bedingungszeilen umsortieren, ohne daß sich etwas an der ET ändert. Dies gilt nicht mehr, wenn man eine ET in ein Computerprogramm umwandeln will. Es können dann durch die Umstellung der Bedingungen im erzeugten Programm undefinierte Anweisungen auftreten, wie man am Beispiel der ET 9 (Abb. 6.2) in 6.1 sieht, wenn man zuerst die Bedingung $M < K/L$ programmiert, ohne vorher festzustellen, ob L ungleich Null ist.

Man muß sich bei der Umstellung der Bedingungszeilen von zu programmierenden ETn vorher immer vergewissern, daß im Programm keine undefinierten Anweisungen auftreten.

Will man eine ET nach der Entscheidungsbaum-Methode programmieren, und darf man ihre Bedingungen umstellen, dann kann man durch geschicktes Umordnen der Bedingungen erreichen, daß sich die Zahl der Verzweigungen des Entscheidungsbaums und damit auch die Zahl der Verzweigungsanweisungen im erzeugten Programm verringert. Es können nämlich derselben ET mehrere Entscheidungsbäume mit unterschiedlicher Zahl von Verzweigungen zugeordnet sein.

Eine einfache Methode, die Zahl der Verzweigungen eines Entscheidungsbaumes möglichst klein zu halten, richtet sich nach dem folgenden

Sortierkriterium: Unter der Voraussetzung, daß man die Bedingungen einer ET umstellen darf, sortiere man den Bedingungsteil, daß zuerst die eventuell vorhandenen Bedingungen kommen, deren Anzeigeteile entweder nur aus „J“ oder nur aus „N“ bestehen. Die restlichen Bedingungen werden so angeordnet, daß im Bedingungsanzeigeteil der 1. Regel zunächst die Nichtleerstellen und dann die Leerstellen stehen. Anschließend versucht man die restlichen Bedingungen noch einmal umzugruppieren, so daß sowohl im Bedingungsanzeigeteil der 1. Regel als auch der 2. Regel zunächst die Nichtleerstellen und dann die Leerstellen aufgeführt sind. Gelingt das nicht, wird die Sortierung abgebrochen. Andernfalls wird dasselbe Verfahren auf die Bedingungsanzeigeteile der Regeln 1, 2 und 3 angewandt usw.

Wendet man das Sortierkriterium auf die obige ET 14 (Abb. 6.3) an, so erhält man die ET 15 (Abb. 6.7).

		Regel 1	Regel 2	Regel 3
15	Bedingung 4	N	N	N
	Bedingung 1	J	J	N
	Bedingung 2	J	N	J
	Bedingung 3	N	–	J
	Aktion 1	X	X	
	Aktion 2	X		X
	Aktion 3		X	X

Abb. 6.7

Der Bedingungsanzeigeteil der Bedingung 4 in der ET 14 (Abb. 6.3) besteht nur aus „N“, deshalb wird die Bedingung 4 an den Anfang genommen. Die restlichen Bedingungen haben im Anzeigeteil der Regel 1 keine Leerstellen, aber in Regel 2, nämlich Bedingung 3. Sie wird deshalb als letzte Bedingung in die ET 15 eingetragen.

Der zur ET 15 gehörende Entscheidungsbaum besitzt folgendes Aussehen:

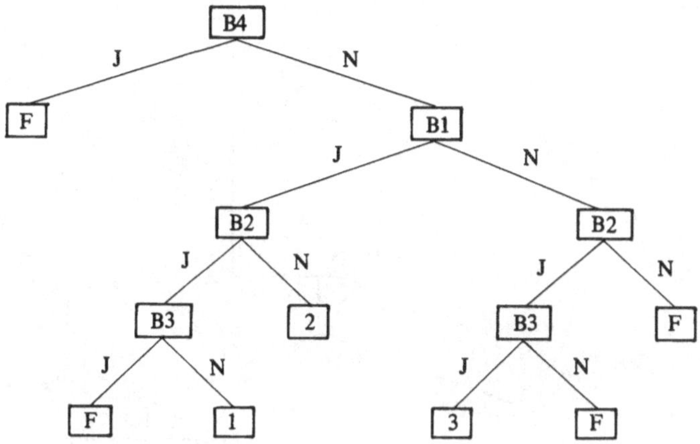

Abb. 6.8

Die Anzahl der Verzweigungen hat sich durch die Umstellung der Bedingungen auf sechs reduziert. Man spart dadurch zwei Verzweigungsanweisungen bei der Programmierung. Die Verkleinerung der Zahl der Verzweigungen wird durch die Anwendung des 1. Teils des Sortierkriteriums erreicht, wodurch die ursprünglichen 3 Fehlerausgänge für den „J"-Zweig der Bedingung 4 (Abb. 6.6) zu einem zusammengefaßt werden.

In der betrachteten ET 14 (Abb. 6.3) erfüllt jede Bedingungskombination keine oder genau eine Regel der ET, d. h. die ET 14 ist im Sinne der Definition 1 von 3.1 unabhängig. Es wird als nächstes eine ET betrachtet, bei der das nicht der Fall ist, und gezeigt werden, was man während der Umwandlung nach der Entscheidungsbaum-Methode über die Abhängigkeit bzw. Unabhängigkeit einer ET aussagen kann. Als Beispiel sei die ET 80 (Abb. 6.9) gewählt.

		R1	R2	R3	R4
80	Bedingung 1	–	–	J	N
	Bedingung 2	J	–	–	–
	Bedingung 3	–	–	N	J
	Bedingung 4	J	N	–	–
	Aktion 1	X	X	X	
	Aktion 2	X			X
	Aktion 3	X		X	

Abb. 6.9

Zum Entscheidungsbaum führt wieder die Aufspaltung der ET in Teiltabellen (Abb. 6.10).

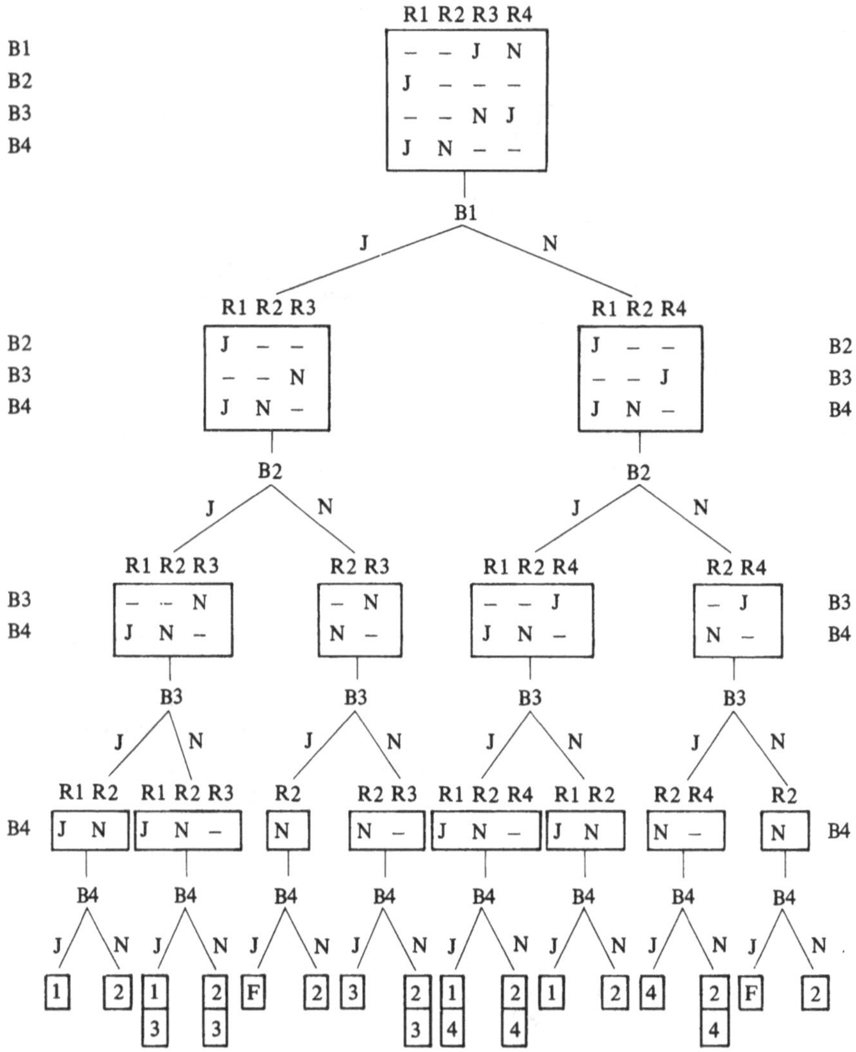

Abb. 6.10 Aufspaltung einer „stark" abhängigen Entscheidungstabelle

Die Bedingungskombination J J N führt in der Aufspaltung der ET 80 (Abb. 6.10) zu einer Teiltabelle der Form:

	R1	R2	R3
B4	J	N	–

Abb. 6.11

Man erkennt an dieser Teiltabelle, daß bei Erfülltsein der Bedingung 4 die Aktionen sowohl der Regel 1 als auch der Regel 3 ausgelöst werden können, wenn die „links vor rechts"-Abarbeitungsvorschrift für die ET 80 *nicht* gilt. Die entsprechende Zweideutigkeit erhält man auch, wenn die Bedingung 4 nicht erfüllt ist.

Man kann bei der Aufspaltung einer ET in einen Entscheidungsbaum anhand der Teiltabellen feststellen, ob Bedingungskombinationen existieren, die mehr als eine Regel der ET erfüllen, und zwar gilt folgende

Regel: Wenn man beim Aufspalten einer ET in einen Entscheidungsbaum auf eine Teiltabelle mit nur einer Bedingungszeile trifft, die mehr als 2 Regeln enthält oder die 2 Regeln besitzt, die *nicht* von der Form

J	N

oder

N	J

sind, dann gibt es mindestens eine Bedingungskombination, die durch mehr als eine Regel der ET abgedeckt wird, d. h. die ET ist „stark" abhängig (3.1).

Es gilt hiervon auch die Umkehrung: Ist eine ET „stark" abhängig, dann existiert bei der Aufspaltung in einen Entscheidungsbaum eine Teiltabelle mit der oben genannten Eigenschaft.

Die Behauptung der Regel ist richtig, denn jeder Zweig eines Entscheidungsbaumes löst am Ende die Aktionen genau einer Regel aus, wenn für die letzte Bedingung nur noch eine Regel vorhanden ist, oder er löst die Aktionen von zwei verschiedenen Regeln aus, wenn für die letzte Bedingung genau zwei Regeln vorhanden sind mit [J N] oder [N J].

Bei der Aufspaltung der ET 80 in einen Entscheidungsbaum ergibt sich also (Abb. 6.10), daß die

Regeln 1 und 3
1 und 4
2 und 3
2 und 4 der ET 80 „stark" abhängig sind.

Die „schwache“ Abhängigkeit (3.1), d. h. die Frage, ob eine ET unter Beachtung der „links vor rechts“-Abarbeitungsvorschrift überflüssige Regeln enthält, läßt sich mit der Entscheidungsbaum-Methode nicht vollständig beantworten. Nach der „links vor rechts“-Abarbeitungsvorschrift genügt es am Ende eines jeden Zweiges eines Entscheidungsbaumes, nur die Regel mit der niedrigsten Regelnummer anzugeben. Der Entscheidungsbaum für die ET 80 sieht demnach folgendermaßen aus:

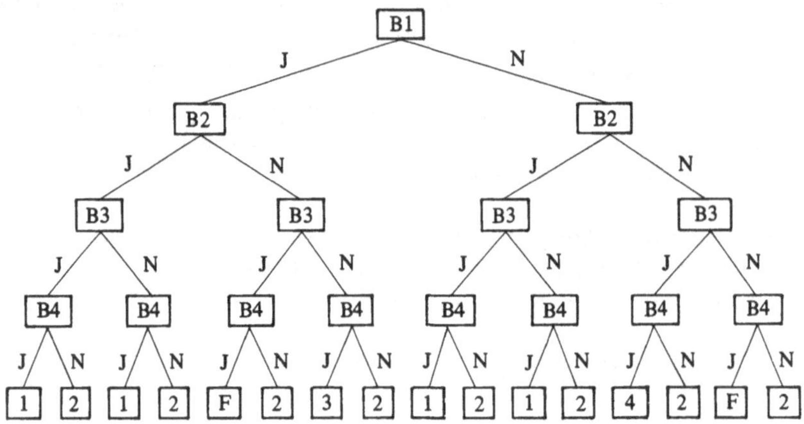

Abb. 6.12

Erscheint eine Regelnummer einer ET nicht am Ende ihres Entscheidungsbaumes, dann werden die Aktionen dieser Regeln nicht erreicht, d. h. diese Regel der ET ist „schwach“ abhängig.

Beispiel: (vgl. ET 93 (Abb. 3.8) in 3.1)

		R1	R2	R3	R4
93	Bedingung 1	J	–	N	–
	Bedingung 2	–	J	–	N
	Aktion 1	X	X		X
	Aktion 2	X		X	X
	Aktion 3				X

Entscheidungsbaum zur ET 93 (unter Beachtung der „links vor rechts“-Abarbeitungsvorschrift):

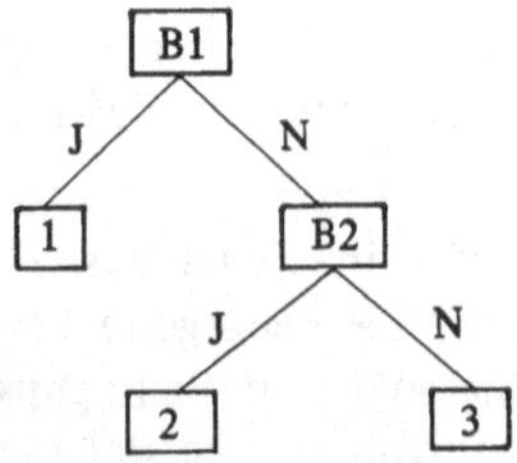

Abb. 6.13

Die Regelnummer 4 tritt nicht am Ende des Entscheidungsbaumes auf. Die Regel 4 der ET 93 ist „schwach“ abhängig.

Kommt jede Regelnummer einer ET mindestens einmal am Ende ihres Entscheidungsbaumes vor, dann kann man daraus trotzdem *nicht* schließen, daß die ET unabhängig ist. Es kann dann immer noch der Fall sein, daß die Regelnummer am Ende einer Verzweigung steht, deren zugehörige Bedingungskombination keine für die ET eingebbare Kombination (1.4.1) darstellt, was durch die Entscheidungsbaum-Methode nicht festzustellen ist.

Beispiel: (vgl. ET 94 (Abb. 3.9) in 3.1)

		R1	R2	R3
94	A kleiner 4	J	N	J
	A größer 6	N	N	–
	B = 3	X		X
	C = 2		X	X

Entscheidungsbaum zur ET 94:

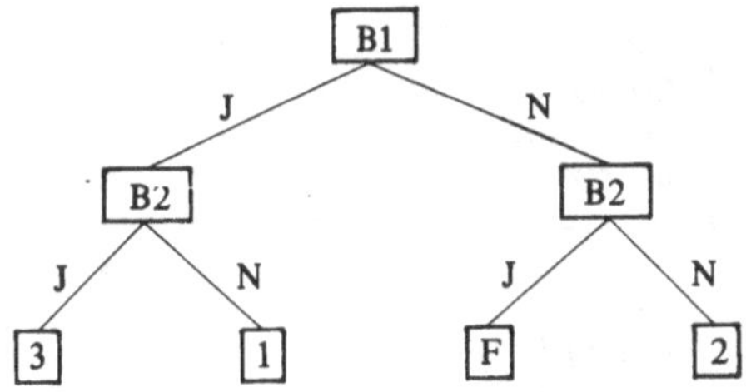

Abb. 6.14

Die Regelnummer 3 tritt zwar am Ende des Entscheidungsbaumes auf, aber die zugehörige Bedingungskombination J J ist für die ET 94 nicht eingebbar. Die Regel 3 der ET 94 ist „schwach" abhängig.

Es soll nun auf die ET 80 (Abb. 6.9) das oben angegebene Sortierkriterium angewendet werden, wobei vorausgesetzt wird, daß man die Bedingungen der ET 80 umsortieren darf.

Da die ET 80 im Bedingungsteil keine Zeilen besitzt, die nur aus „J" oder nur aus „N" bestehen, wird zunächst die Bedingung 2 an erste und die Bedingung 4 an zweite Stelle der ET gesetzt, so daß im Bedingungsanzeigeteil der Regel 1 zuerst die Nichtleerstellen und dann die Leerstellen stehen (ET 81 in Abb. 6.15).

		R1	R2	R3	R4
81	Bedingung 2	J	–	–	–
	Bedingung 4	J	N	–	–
	Bedingung 1	–	–	J	N
	Bedingung 3	–	–	N	J
	Aktion 1	X	X	X	
	Aktion 2	X			X
	Aktion 3			X	

Abb. 6.15

Unter der Beibehaltung der in Regel 1 erzielten Sortierfolge Nichtleerstellen-Leerstellen kann man die Bedingungen noch einmal umgruppieren, so daß auch in der Regel 2 zunächst die Nichtleerstellen und dann die Leerstellen stehen, nämlich durch Vertauschung der Bedingungen 2 und 4. Für die Regel 3 kann man unter Erhaltung der Sortierfolge in Regel 1 und 2 nicht erreichen, daß die Bedingungsanzeiger nach Nichtleerstellen und Leerstellen angeordnet werden. Die Sortierung wird deshalb abgebrochen, und man erhält die ET 82 (Abb. 6.16).

		R1	R2	R3	R4
82	Bedingung 4	J	N	–	–
	Bedingung 2	J	–	–	–
	Bedingung 1	–	–	J	N
	Bedingung 3	–	–	N	J
	Aktion 1	X	X	X	
	Aktion 2	X			X
	Aktion 3	X		X	

Abb. 6.16

Beim Aufspalten der ET 82 zu einem Entscheidungsbaum erhält man nach dem ersten Teilschritt das folgende Bild:

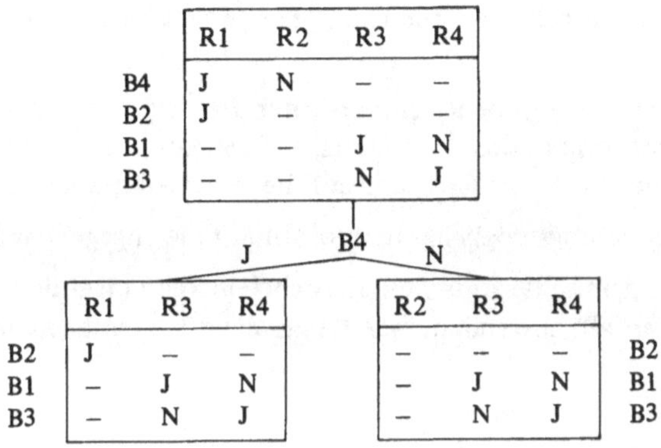

Abb. 6.17

Die rechte Teiltabelle (B4 gleich „Nein“) enthält eine Regel, die nur aus Leerstellen besteht. Nach der „links vor rechts“-Abarbeitungsvorschrift werden die Aktionen der Regeln, die rechts von der Regel mit den Leerstellen stehen, nicht ausgeführt. Man kann also diese Regeln in der Teiltabelle weglassen. Besteht die so gekürzte Teiltabelle nur noch aus einer Regel mit Leerstellen, wie es im obigen Beispiel der Fall ist, dann tritt an Stelle dieser Teiltabelle die entsprechende Regelnummer, d. h. die Aktionen dieser Regel werden ausgeführt.

Für die ET 82 erhält man demnach den folgenden Entscheidungsbaum:

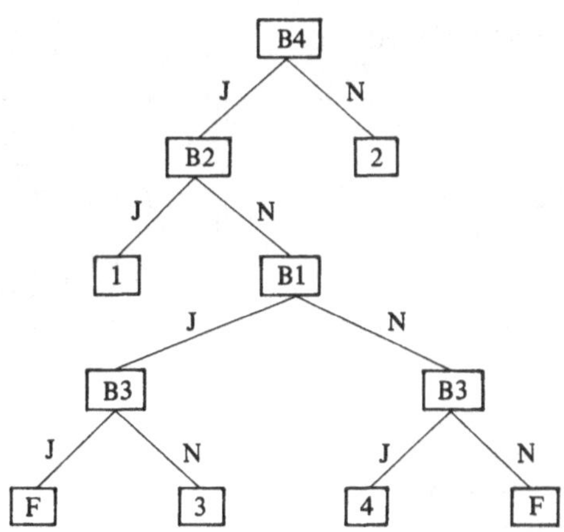

Abb. 6.18

Man sieht, von den ursprünglichen 15 Verzweigungen (Abb. 6.12) sind für die umsortierte ET 82 nur noch 5 übriggeblieben.

Der Sinn des zweiten Teils des Sortierkriteriums besteht also darin, möglichst viele Teiltabellen vereinfachen zu können, d. h. den Weg zu den Aktionen zu verkürzen.

Eine Verbesserung des angegebenen Sortierkriteriums liegt auf der Hand: Man wende das Sortierkriterium nicht nur einmal auf die Ausgangsentscheidungstabelle an, sondern auch nach jeder Aufspaltung auf die eventuell gekürzten Teiltabellen.

Über weitere Optimierungsmöglichkeiten informiert die angegebene Literatur.

Für erweiterte und gemischte Entscheidungstabellen kann man die Entscheidungsbaum-Methode ebenfalls anwenden, indem man diese ETn in begrenzte umwandelt (1.4.5).

6.3 Masken-Methode

6.3.1 Masken-Methode für begrenzte Bedingungsanzeigeteile

Der Grundgedanke der Masken-Methode besteht darin, daß das Programm für jede konkret eingegebene Bedingungskombination einen *Datenvektor* aufbaut. Mit diesem Datenvektor überstreicht man wie mit einer Schablone den Bedingungsanzeigeteil einer ET und vergleicht den Datenvektor mit den einzelnen Regeln. In den Datenvektor wird für jede erfüllte Bedingung ein „J" und für jede nicht erfüllte Bedingung ein „N" eingetragen.

Beispiel: Gegeben sei die ET 77 (Abb. 6.19).

	Flug-Buchung	R1	R2	R3	R4	R5	R6	R7
77	Gewünscht wird 2. Klasse	J	J	J	N	N	N	–
	Alternativklasse wird angenommen	–	J	–	–	J	–	–
	1. Klasse noch frei	–	J	–	J	N	N	–
	2. Klasse noch frei	J	N	N	–	J	–	–
	Möchte auf Warteliste gesetzt werden	–	–	J	–	–	J	–
	Flugschein 1. Klasse ausstellen		X		X			
	Flugschein 2. Klasse ausstellen	X				X		
	Auf Warteliste setzen			X			X	
	Anderen Flug empfehlen							X

Abb. 6.19

Verbal laute die eingegebene Bedingungskombination:

„Wünscht ein Kunde eine Flugkarte 1. Klasse, und ist er auch mit der Alternativklasse zufrieden, möchte aber nicht auf die Warteliste gesetzt werden, und die 1. Klasse ist besetzt, aber die 2. Klasse noch frei", dann hat der zugehörige Datenvektor folgenden Aufbau:

$$\begin{pmatrix} N \\ J \\ N \\ J \\ N \end{pmatrix}$$

Vergleicht man den Datenvektor Regel für Regel mit dem Bedingungsanzeigeteil der ET 77, dann stellt man fest, daß die eingegebene Bedingungskombination die Regel 5 und zusätzlich die Regel 7 erfüllt, wenn man die „links vor rechts"-Abarbeitungsvorschrift *nicht* berücksichtigt.

Der Datenvektor kann erst aufgebaut werden, wenn die einzugebenden Bedingungskombinationen (Eingabedaten) dem generierten Programm zur Verfügung stehen, d. h. wenn das Programm gestartet ist. Deshalb muß in der Masken-Methode der Bedingungsanzeigeteil einer ET in das zu erzeugende Programm übertragen werden, damit der Datenvektor während des Programmablaufs mit dem Bedingungsanzeigeteil verglichen werden kann. Dazu verschlüsselt man den Bedingungsanzeigeteil auf folgende Art:

Man ordnet dem Bedingungsanzeigeteil einer ET eine *binäre* Matrix M zu, indem man J, N, und – ersetzt durch

$$J \rightarrow \begin{matrix} 1 \\ 0 \end{matrix} \qquad N \rightarrow \begin{matrix} 0 \\ 1 \end{matrix} \qquad - \rightarrow \begin{matrix} 1 \\ 1 \end{matrix}$$

Zu der ET 77 in Abb. 6.19 gehört die folgende binäre Matrix:

$$M = \begin{pmatrix} 1 & 1 & 1 & 0 & 0 & 0 & 1 \\ 0 & 0 & 0 & 1 & 1 & 1 & 1 \\ 1 & 1 & 1 & 1 & 1 & 1 & 1 \\ 1 & 0 & 1 & 1 & 0 & 1 & 1 \\ 1 & 1 & 1 & 1 & 0 & 0 & 1 \\ 1 & 0 & 1 & 0 & 1 & 1 & 1 \\ 1 & 0 & 0 & 1 & 1 & 1 & 1 \\ 0 & 1 & 1 & 1 & 0 & 1 & 1 \\ 1 & 1 & 1 & 1 & 1 & 1 & 1 \\ 1 & 1 & 0 & 1 & 1 & 0 & 1 \end{pmatrix}$$

Für jede eingegebne Bedingungskombination baut man analog einen verschlüsselten Datenvektor D auf. Für das vorangegangene Beispiel ist das der folgende Datenvektor D:

$$\text{Eingegebene Bedingungskombination:}\quad \begin{matrix} N \\ \\ J \\ \\ N \\ \\ J \\ \\ N \end{matrix} \qquad D = \begin{pmatrix} 0 \\ 1 \\ 1 \\ 0 \\ 0 \\ 1 \\ 1 \\ 0 \\ 0 \\ 1 \end{pmatrix}$$

Man vergleicht nun nicht den Datenvektor mit jeder Spalte der Matrix M, sondern verkürzt das Verfahren folgendermaßen:

Für jeden Datenvektor werden nur die Zeilen aus der Matrix M ausgewählt, für die der Datenvektor eine 1 enthält. Durch spaltenweise Konjunktion der Elemente der ausgewählten Zeilen, wobei 1 gleich „wahr" und 0 gleich „falsch" entspricht (2.1), erhält man den Zeilenvektor Z.

Für das Beispiel heißt das:

$$\underset{M}{\begin{pmatrix} 1 & 1 & 1 & 0 & 0 & 0 & 1 \\ 0 & 0 & 0 & 1 & 1 & 1 & 1 \\ 1 & 1 & 1 & 1 & 1 & 1 & 1 \\ 1 & 0 & 1 & 1 & 0 & 1 & 1 \\ 1 & 1 & 1 & 1 & 0 & 0 & 1 \\ 1 & 0 & 1 & 0 & 1 & 1 & 1 \\ 1 & 0 & 0 & 1 & 1 & 1 & 1 \\ 0 & 1 & 1 & 1 & 0 & 1 & 1 \\ 1 & 1 & 1 & 1 & 1 & 1 & 1 \\ 1 & 1 & 0 & 1 & 1 & 0 & 1 \end{pmatrix}} \quad \underset{D}{\begin{pmatrix} 0 \\ 1 \\ 1 \\ 0 \\ 0 \\ 1 \\ 1 \\ 0 \\ 0 \\ 1 \end{pmatrix}} \quad \begin{matrix} \\ 0 & 0 & 0 & 1 & 1 & 1 & 1 \\ 1 & 1 & 1 & 1 & 1 & 1 & 1 \\ \\ \\ 1 & 0 & 1 & 0 & 1 & 1 & 1 \\ 1 & 0 & 0 & 1 & 1 & 1 & 1 \\ \\ \\ 1 & 1 & 0 & 1 & 1 & 0 & 1 \\ \hline \end{matrix}$$

$$Z = (0\ 0\ 0\ 0\ 1\ 0\ 1)$$

Für den Zeilenvektor Z gilt:

Die eingegebene Bedingungskombination erfüllt jede Regel, deren zugehörige Komponente im Zeilenvektor gleich 1 ist. Sind alle Komponenten des Zeilenvektors gleich Null, dann wird die eingegebene Bedingungskombination durch die ET nicht abgedeckt.

Im angegebenen Beispiel erfüllt die eingegebene Bedingungskombination N J N J N die Regeln 5 und 7 der ET 77.

Der Beweis der Richtigkeit dieses Verfahrens ist einfach. Der erste Schritt, nämlich die Auswahl der Zeilen der Matrix mit Hilfe des Datenvektors, ist nichts anderes als die Konjunktion jeder Spalte der Matrix mit dem Datenvektor und damit der Vergleich jeder Regel der ET mit der eingegebenen Bedingungskombination:

Matrixspalte		Datenvektor	Ergebnis
1 0	und	1 0	1 (wahr)
1 0	und	0 1	0 (falsch)
0 1	und	1 0	0 (falsch)
0 1	und	0 1	1 (wahr)
1 1	und	1 0	1 (wahr)
1 1	und	0 1	1 (wahr)

Der Zeilenvektor Z besitzt genau dann als Komponente eine „1“, wenn jeder im 1. Schritt ausgeübte Vergleich „wahr“ ist (vgl. Definition der Konjunktion in 1.2), und damit die eingegebene Bedingungskombination die entsprechende Regel der ET erfüllt.

Für die Anwendbarkeit der Masken-Methode muß man *voraussetzen*, daß jede Bedingung für sich als eine definierte Anweisung programmiert werden kann (6.2), denn zum Aufbau des Datenvektors wird jede Bedingung der ET unabhängig von den anderen Bedingungen auf Erfülltsein abgefragt.

Der Datenvektor enthält durch seinen Aufbau immer eine eingebbare Bedingungskombination einer ET, und nur für diese stellt man fest, welche Regeln der ET erfüllt sind (– im Gegensatz zur Entscheidungsbaum-Methode in 6.2 –). Abhängigkeit und Vollständigkeit einer ET werden mit der Masken-Methode für die einzelnen eingebbaren Bedingungskombinationen geprüft, und man muß alle eingebbaren Bedingungskombinationen verarbeitet haben, wenn man endgültigen Bescheid über die Abhängigkeit und Vollständigkeit einer ET wissen will. Weiterhin wird erst zur Laufzeit des Programms festgestellt, welche Regeln der ET eine Bedingungskombination erfüllt und nicht schon während der Umwandlung wie bei der Entscheidungsbaum-Methode. Weitere Vor- und Nachteile der Masken-Methode gegenüber der Entscheidungsbaum- und Regel für Regel-Methode sind zum Abschluß des Abschnitts gegenübergestellt:

Die Vorteile der Masken-Methode sind:

1. Sie verbraucht weniger Speicherplatz als die Entscheidungsbaum- und die Regel für Regel-Methode, vor allen Dingen dann, wenn der Rechner Bit-Manipulationen zuläßt, und man die Zeilen der Matrix M in einem Wort unterbringen kann und mit der logischen Wort-Operation „OR" und „AND" arbeitet.
2. Das generierte Programm besitzt genau soviele Verzweigungsanweisungen (zum Aufbau des Datenvektors) wie Bedingungen in der ET enthalten sind, während die Entscheidungsbaum-Methode durchschnittlich mehr Verzweigungsanweisungen erzeugt.
3. Das Programm für die Masken-Methode ist als Ganzes einfacher zu erstellen als das für die Entscheidungsbaum-Methode.
4. Die Umwandlungszeit von der ET zum Programm ist kürzer als bei den beiden anderen Methoden.

Die Nachteile der Masken-Methode sind:

Die Laufzeiten der erzeugten Programme sind durchschnittlich größer als bei den beiden anderen Methoden, besonders dann, wenn es umfangreichere ETn sind, denn zur Aufstellung des Datenvektors müssen immer alle Bedingungen durchgeprüft werden, bevor die erste Regel abgefragt wird.

Die Laufzeit läßt sich verkürzen, wenn man das Verfahren etwas modifiziert, wie das z. B. in der „interrupted rule mask procedure" in [25] geschieht.

6.3.2 Masken-Methode für erweiterte und gemischte Bedingungsanzeigeteile

Zunächst kann man wieder jede erweiterte oder gemischte ET in eine begrenzte ET umwandeln (1.4.5) und dann wie in 6.3.1 verfahren. Will man diese Umwandlung vermeiden, die immer zu einer größeren ET führt, d. h. mehr Speicherplatz verbraucht, kann man die Masken-Methode unmittelbar auf erweiterte und gemischte ETn anwenden [27].

Als Beispiel sei die gemischte ET 17 (Abb. 6.20) gewählt.

		Regel 1	Regel 2	Regel 3
17	A =	1	2	–
	B =	1	–	2
	C = 4	–	J	N
	A = 0	X		X
	B = 0	X	X	
	C = 0		X	X

Abb. 6.20

Man ordnet der ET 17 eine Matrix H zu, indem man im Bedingungsanzeigeteil eine 1 setzt für alle Leerstellen und sonst eine 0.

Für das Beispiel:

$$H = \begin{pmatrix} 0 & 0 & 1 \\ 0 & 1 & 0 \\ 1 & 0 & 0 \end{pmatrix}$$

Für jede eingebbare Bedingungskombination wird eine sogenannte Datenmatrix D aufgebaut, die aus dem Bedingungsanzeigeteil der ET entsteht, indem man eine 1 setzt, wenn die Bedingung erfüllt ist, und eine 0 setzt, wenn die Bedingung nicht erfüllt oder eine Leerstelle vorhanden ist.

Für das angegebene Beispiel erhält man für die Bedingungskombination

$$A = 2, \; B = 4, \; C = 4$$

die Datenmatrix

$$D = \begin{pmatrix} 0 & 1 & 0 \\ 0 & 0 & 0 \\ 0 & 1 & 0 \end{pmatrix}$$

Man verknüpft die beiden Matrizen H und D durch eine Disjunktion – dies geschieht, indem man gleich positionierte Elemente der beiden Matrizen durch „oder" verbindet – zu einer neuen Matrix und erhält einen Zeilenvektor Z, wenn man die Spalten der neuen Matrix durch Konjunktion verknüpft. Für den Zeilenvektor Z gilt wieder (6.3.1):

Die eingegebene Bedingungskombination erfüllt jede Regel, deren zugehörige Komponente im Zeilenvektor Z gleich 1 ist. Sind alle Komponenten von Z gleich Null, dann wird die Bedingungskombination durch die ET nicht abgedeckt.

Für das Beispiel heißt das:

$$H \vee D = \begin{pmatrix} 0 & 0 & 1 \\ 0 & 1 & 0 \\ 1 & 0 & 0 \end{pmatrix} \vee \begin{pmatrix} 0 & 1 & 0 \\ 0 & 0 & 0 \\ 0 & 1 & 0 \end{pmatrix} = \begin{pmatrix} 0 & 1 & 1 \\ 0 & 1 & 0 \\ 1 & 1 & 0 \end{pmatrix}$$

$$Z = (0 \quad 1 \quad 0)$$

Die eingegebene Bedingungskombination

$A = 2,\ B = 4,\ C = 4$ erfüllt die Regel 2 der ET 17.

Die Richtigkeit dieser Methode ist leicht einzusehen. Die Matrix H stellt sicher, daß alle Leerstellen der ET den Wert „wahr" erhalten. Die Datenmatrix D erhält für jede erfüllte Bedingung den Wert „wahr". Durch Disjunktion der Matrizen H und D erhalten in jeder Regel alle Bedingungen, die erfüllt oder irrelevant sind, den Wert „wahr". Die Konjunktion der Spalten ergibt nach Definition (1.2) genau dann den Wert „wahr", wenn jede einzelne Bedingung „wahr" ist.

6.4 Veinott-Methode

Die Veinott-Methode [35] ist dann besonders günstig, wenn man Wert auf möglichst kleine Laufzeiten des erzeugten Programms legt. Auch für sie muß man wie bei den vorhergehenden Übersetzungsmethoden die Voraussetzung machen: jede Bedingung ist für sich als eine definierte Anweisung programmierbar (6.2).

6.4.1 Veinott-Methode für begrenzte Bedingungsanzeigeteile

Gegeben sei als Beispiel die begrenzte ET 6 (Abb. 6.21)

		R1	R2	R3	R4	R5
6	Bedingung 1	J	J	N	N	–
	Bedingung 2	J	N	J	J	
	Bedingung 3	–	N	J	N	
	Aktion 1	X		X		
	Aktion 2	X	X		X	
	Aktion 3		X	X		X

Abb. 6.21

Die ET 6 besitzt 3 Bedingungen und kann demnach maximal $2^3 = 8$ verschiedene Regeln haben (2.1.1):

		R1	R2	R3	R4	R5	R6	R7	R8
7	Bedingung 1	J	J	J	J	N	N	N	N
	Bedingung 2	J	J	N	N	J	J	N	N
	Bedingung 3	J	N	J	N	J	N	J	N
	Aktion 1	X	X			X			
	Aktion 2	X	X		X		X		
	Aktion 3			X	X	X		X	X

Abb. 6.22

Es wird jeder der 8 Regeln anhand der Bedingungsanzeiger eindeutig eine der Zahlen 0, 1, . . ., 7 als Platznummer zugeordnet, so daß verschiedene Regeln verschiedene Platznummern besitzen. Dazu ordnet man aufsteigend jeder Bedingungszeile eine Potenz von 2 (– beginnend mit 2^0 –) als Wert zu. Jede Regel erhält dann genau eine der Zahlen 0, 1, . . ., 7, wenn man in einer Regel über die Produkte zwischen den Werten der Bedingungszeile und des Bedingungsanzeigers (Wert von J = 1, Wert von N = 0) summiert.

Zum Beispiel ergibt die Regel 2 der ET 7:

$$1 \cdot 2^0 + 1 \cdot 2^1 + 0 \cdot 2^2 = 3$$

Anders ausgedrückt: Man kann den Bedingungsanzeigeteil jeder Regel als eine von unten nach oben zu lesende Dualzahl auffassen, wobei J = 1 und N = 0 gesetzt wird.

Beispiel: Regel 7 von ET 7:

N 0
N $0 \rightarrow 1 \cdot 2^2 + 0 \cdot 2^1 + 0 \cdot 2^0 = 4$
J 1

Die ET 7 mit den Werten für die Bedingungen und den Regeln zugeordneten Platznummern sieht dann folgendermaßen aus:

		Wert	R1	R2	R3	R4	R5	R6	R7	R8
7	Bedingung 1	1	J	J	J	J	N	N	N	N
	Bedingung 2	2	J	J	N	N	J	J	N	N
	Bedingung 3	4	J	N	J	N	J	N	J	N
	Aktion 1		X	X			X			
	Aktion 2		X	X		X		X		
	Aktion 3				X	X	X		X	X
	Platznummer		7	3	5	1	6	2	4	0

Abb. 6.23

Mit Hilfe der Platznummern läßt sich nun eine ET einfach programmieren, indem man für jede Bedingungskombination die zugehörige Platznummer berechnet und über eine Sprungleiste zur entsprechenden Aktionsfolge springt. Am Beispiel der ET 7 (Abb. 6.23) gezeigt heißt das: Man ordnet jeder der drei Bedingungen je eine der Variablen I1, I2, I3 zu und setzt per Programm I1 = 1, wenn die Bedingung 1 erfüllt ist, sonst wird I1 = 0, entsprechend für I2 und Bedingung 2 und für I3 und Bedingung 3.

In FORTRAN kann man dann die ET 7 folgendermaßen programmieren:

```
C PLATZNUMMER BERECHNEN
  NUMMER = 1 + I1 + 2 * I2 + 4 * I3
C SPRUNGLEISTE
  GO TO (P0,P1,P2,P3,P4,P5,P6,P7),NUMMER
```

Dabei stehen P0,P1, . . ., P7 für die den Platznummern zugeordneten FORTRAN-Anweisungsnummern, hinter denen die FORTRAN-Anweisungen für die betreffenden Aktionsfolgen stehen.

Da in der ET 7 die Aktionen der Regeln 1 und 2 und die Aktionen der Regeln 3, 7, 8 übereinstimmen, kann man schreiben:

```
NUMMER = 1 + I1 + 2 * I2 + 4 * I3
GO TO (P0,P1,P2,P3,P0,P0,P6,P3),NUMMER
```

Die ET 7 entsprechend in COBOL programmiert heißt:

```
COMPUTE NUMMER = 1 + I1 + 2 * I2 + 4 * I3.
GO TO P0 P1 P2 P3 P0 P0 P6 P3 DEPENDING ON NUMMER.
```

Dabei sind P0,P1,P2,P3,P6 die den Platznummern zugeordneten Prozedurnamen.

Allgemein lautet das entsprechende FORTRAN-Programm für eine begrenzte ET mit n Bedingungen:

```
NUMMER = 1 + I1 + 2 * I2 + . . . + 2^(n-1) * In
GO TO (L0,L1, . . ., Lm),NUMMER
```

wobei $m = 2^{n-1}$ und L0,L1, . . ., Lm für die den Platznummern zugeordneten FORTRAN-Anweisungsnummern stehen.

Die Verallgemeinerung für das COBOL-Programm lautet entsprechend.

Man sieht, daß die GO TO-Anweisungen in FORTRAN und COBOL bei wachsender Zahl der Bedingungen schnell sehr groß werden, so daß sie u. U. vom FORTRAN- bzw. COBOL-Compiler nicht mehr verarbeitet werden können. Außerdem ist es oft mühsam, zu einer begrenzten ET die zugehörige ET mit allen möglichen Bedingungskombinationen aufzustellen. Dies kann man dann leicht umgehen, wenn die Ausgangstabelle, abgesehen von einer evtl. vorhandenen ELSE-Regel, in den einzelnen Regeln nicht allzuviele Leerstellen enthält. Man teilt dann den Regeln der Ausgangstabelle unmittelbar Platznummern zu, wobei eine Regel mehrere Platznummern erhalten kann (ET 6 in Abb. 6.24).

		Wert	Regel 1	Regel 2	Regel 3	Regel 4	Regel 5
6	Bedingung 1	1	J	J	N	N	–
	Bedingung 2	2	J	N	J	J	
	Bedingung 3	4	–	N	J	N	
	Aktion 1		X		X		
	Aktion 2		X	X		X	
	Aktion 3			X	X		X
	Platznummer		3,7	1	6	2	0,4,5

Abb. 6.24

Die Regel 1 der ET 6 enthält die Platznummern 3 und 7, weil die Leerstelle einmal als Ja und zum andern als Nein betrachtet werden muß. Die ELSE-Regel erhält alle die in den weiter links stehenden Regeln nicht aufgeführten Platznummern.

Für eine ET, bei der einer Regel mehrere Platznummern zugeteilt sind, kann man die GO TO-Anweisung auf folgende Art klein halten (wieder ET 6 als Beispiel):

Entweder man besetzt eine 1-dimensionale Tabelle (Feld) mit den um 1 erhöhten Platznummern, wobei man als Platznummern, die derselben Regel zugeordnet sind, immer die niedrigste nimmt, also in COBOL, wenn die Tabelle mit JUMP bezeichnet wird:

```
01  TAB.
  02 FILLER PIC 9 VALUE 1.
  02 FILLER PIC 9 VALUE 2.
  02 FILLER PIC 9 VALUE 3.
  02 FILLER PIC 9 VALUE 4.
  02 FILLER PIC 9 VALUE 1.
  02 FILLER PIC 9 VALUE 1.
  02 FILLER PIC 9 VALUE 5.
  02 FILLER PIC 9 VALUE 4.
01  FILLER REDEFINES TAB.
  02 JUMP PIC 9 OCCURS 8.
```

Dann kann man in der PROCEDURE DIVISION schreiben:

```
COMPUTE NUMMER = 1 + I1 + 2 * I2 + 4 * I3.
MOVE JUMP (NUMMER) TO J.
GO TO P0 P1 P2 P3 P6 DEPENDING ON J.
```

Entsprechend in FORTRAN:

```
DIMENSION JUMP (8)
DATA JUMP/1,2,3,4,1,1,5,4/
        :
NUMMER = 1 + I1 + 2 * I2 + 4 * I3
J = JUMP (NUMMER)
GO TO (P0,P1,P2,P3,P6),J
```

oder man besetzt ein 1-dimensionales Feld (Tabelle) mit den um 1 erhöhten Platznummern von allen Regeln bis auf die ELSE-Regel und fragt in einer Schleife ab, ob der Wert der Größe NUMMER zu diesem Feld (Tabelle) gehört, also in FORTRAN:

```
     DIMENSION JUMP(5)
     DATA JUMP /2,3,4,7,8/
             :
     NUMMER = 1 + I1 + 2 * I2 + 4 * I3
     D0 10 J = 1,5
     IF(NUMMER - JUMP(J)) 10,15,10
10   CONTINUE
     GO TO P0
15   GO TO (P1,P2,P3,P6,P3),J
```

wobei P1,P2,P3 und P6 die den Platznummern zugeordneten Prozedurnamen bzw. Anweisungsnummern darstellen.

Entsprechend in COBOL in der PROCEDURE DIVISION:

```
COMPUTE NUMMER = 1 + I1 + 2 * I2 + 4 * I3.
PERFORM P-1 VARYING J FROM 1 BY 1 UNTIL J GREATER 5.
GO TO P0.
    :
P-1. IF NUMMER = JUMP (J) GO TO P1 P2 P3 P6 P3 DEPENDING ON J.
```

Ist die ET nicht vollständig (2.2), dann ist es am einfachsten für die Platznummerverteilung, die durch die Regeln der ET nicht verteilten Platznummern zu einem Fehlerausgang zusammenzufassen.

Beim Verteilen der Platznummern an eine ET kann man feststellen, ob die ET unabhängig ist oder nicht, denn das Verteilen der Platznummern an eine Regel bedeutet nichts anderes, als daß man alle Bedingungskombinationen aufzählt, die durch diese Regel abgedeckt werden. Besitzen demnach zwei Regeln u. a. dieselbe Platznummer, dann decken sie auch dieselbe Bedingungskombination ab, d. h. die Regeln sind „stark" abhängig. Nach der „links vor rechts"-Abarbeitungsvorschrift wird dann die niedrigste Platznummer der linken Regel des abhängigen Regelpaares genommen. Erhält eine Regel nur Platznummern, die bereits schon an weiter links stehende Regeln verteilt worden sind, dann ist diese Regel „schwach" abhängig, d. h. nach der „links vor rechts"-Abarbeitungsvorschrift überflüssig.

Beispiel:

		Wert	R1	R2	R3	R4
23	Bedingung 1	1	J	–	N	–
	Bedingung 2	2	–	J	–	N
	Aktion 1		X		X	X
	Aktion 2			X	X	
	Platznummer		1,3	2,3	0,2	0,1

Abb. 6.25

Die Platznummern der R4 in der ET 23 sind in der Regel 1 bzw. 3 enthalten, d. h. die Regel 4 ist überflüssig. Für die übrigen Regeln lautet die Sprungleiste:

```
FORTRAN:  GO TO (P0,P1,P2,P1),NUMMER
COBOL:    GO TO P0 P1 P2 P1 DEPENDING ON NUMMER
```

6.4.2 Veinott-Methode für erweiterte und gemischte Bedingungsanzeigeteile

Um die Veinott-Methode auch auf erweiterte und gemischte ETn anzuwenden, kann man diese Tabellen wieder in begrenzte ETn umformen. Dabei erhält man eine größere Anzahl von Bedingungen, und die Sprungleiste (6.4.1) kann sehr groß werden. Das kann man vermeiden, wenn man das Prinzip der Veinott-Methode direkt auf erweiterte oder gemischte ETn anwendet. Dies sei wieder an einem Beispiel (ET 8 in Abb. 6.26) gezeigt.

Beispiel:

		Regel 1	Regel 2	Regel 3
8	A	< 5	= 5	> 5
	B	= 4	> 4	< 4
	C = 1	J	N	–
	A = B	X		X
	A = C		X	
	B = 0	X	X	

Abb. 6.26

Die ET 8 hat 3 Bedingungen, wobei die Bedingungen 1 und 2 je 3 Zustände besitzen, und die Bedingung 3 hat 2 Zustände. Die ET 8 kann demnach maximal $3 \cdot 3 \cdot 2 = 18$ verschiedene Regeln enthalten (2.1.1)

Wieder ordnet man jeder Regel Platznummern zu, die sich aus der Summe über die Produkte zwischen den Werten der Bedingungszeile und des (Bedingungs-) Zustandes ergeben. Der Wert einer Bedingungszeile muß jetzt nicht mehr wie im Falle der begrenzten Bedingungsanzeiger eine Potenz von 2 sein, sondern setzt sich aus dem Produkt der Anzahl der verschiedenen Zustände der vorhergehenden Bedingungszeilen zusammen, wobei die erste Bedingungszeile den Wert 1 besitzt. So ist für die ET 8

der Wert der 1. Bedingungszeile gleich 1,
der Wert der 2. Bedingungszeile gleich 3 und
der Wert der 3. Bedingungszeile gleich $3 \cdot 3 = 9$

Entsprechend treten für die (Bedingungs-) Zustände nicht nur 0 und 1 auf, sondern die Werte 0, 1, 2, . . ., Anzahl der Zustände – 1.

Die ET 8 mit den Werten für die Bedingungen und Zustände und den Platznummern für die Regeln sieht dann so aus:

		Wert des Zustandes	Wert der Bedingung	Regel 1	Regel 2	Regel 3
8	A		1	< 5	= 5	> 5
		< 5: 0 = 5: 1 > 5: 2				
	B		3	= 4	> 4	< 4
		= 4: 0 > 4: 1 < 4: 2				
	C = 1		9	J	N	–
		N: 0 J: 1				
	A = B			X		X
	A = C				X	
	B = 0			X	X	
	Platznummer			9	4	8,17

Abb. 6.27

Die Platznummern der Regel 3 ergeben sich folgendermaßen:

$$2 \cdot 1 + 2 \cdot 3 + 1 \cdot 9 = 17$$

bzw. $2 \cdot 1 + 2 \cdot 3 + 0 \cdot 9 = 8$, wobei bei den Produkten der 1. Faktor den Wert des Zustandes und der 2. Faktor den Wert der Bedingung darstellen.

Mit Hilfe der Platznummern läßt sich die ET 8 analog den begrenzten ETn programmieren. Man ordnet wieder jeder der 3 Bedingungen je eine der Variablen I1, I2, I3 zu und setzt per Programm I1 = 0, wenn A < 5, I1 = 1, wenn A = 5 und I1 = 2, wenn A > 5, und entsprechend für die 2. und 3. Bedingung. Bezeichnet man mit K1, K2, K3 die Werte der 1., 2., 3. Bedingung, dann wird die ET 8 in FORTRAN so programmiert:

```
      DIMENSION JUMP(4)
      DATA JUMP /4,8,9,17/
         :
      NUMMER = 1 + I1 + K1 * I2 + K2 * I3
      D0 15 J = 1,4
      IF(NUMMER - JUMP(J)) 15,20,15
15    CONTINUE
      GO TO P0
20    GO TO (P4,P8,P9,P8),J
```

Dabei stehen wieder P4,P8,P9 für die den Platznummern zugeordneten FORTRAN-Anweisungsnummern, und P0 steht für die Anweisungsnummer des Fehlerausgangs.

Entsprechendes gilt in COBOL.

Man beachte bei der Platznummernverteilung an ETn mit erweitertem Bedingungsanzeigeteil, daß Zustände auftreten können, die als verschiedene gezählt werden, sich aber nicht einander ausschließen, was bei ETn mit begrenztem Bedingungsanzeiger a priori gegeben ist.

Beispiel:

		Wert des Zustandes	Wert der Bedingung	Regel 1	Regel 2
18	A	< 3: 0 < 5: 1	1	< 3	< 5
	B = 1	N: 0 J: 1	2	J	N
	B = 10			X	
	B = 20				X
	Platznummer			2	0,1

Abb. 6.28

Die Regel 2 erhält sowohl die Platznummer für die Zustände < 5, N, als auch für die Zustände < 3, N.

7. Automatische Umwandlung von Entscheidungstabellen

Ein weiterer und entscheidender Schritt, ETn vom Computer auswerten zu lassen, besteht darin, die ETn unmittelbar und ohne vorhergehende manuelle Übersetzung dem Computer einzugeben, d. h. die ETn als eine weiterentwickelte höhere Programmiersprache zu benutzen. Damit erhält man eine Programmiersprache, die sich in vielen Fällen an die Sprache der Fachabteilung anlehnt und leicht erlernbar ist. Dadurch ist die Fachabteilung für die Programmierung ihrer Probleme nicht mehr vollständig auf die EDV-Abteilung angewiesen, sondern sie kann ihre Probleme selbst in ihrer Denkweise lösen und programmieren. Gleichzeitig wird die Einführung der EDV in bestehenden und neu hinzukommenden Anwendungsbereichen unterstützt und erleichtert. Es entfallen Kommunikationsschwierigkeiten, die sich zwangsläufig ergeben zwischen Fachabteilung, die nur eine ungenaue Vorstellung besitzt, wie detailliert eine Problembeschreibung für die EDV-Abteilung zur Programmierung sein muß, und EDV-Abteilung, die mangels Kenntnisse die gelieferte Problemschreibung nicht überprüfen oder ergänzen kann. Aber auch bei späteren Änderungen ist der Fachmann nicht mehr von einem Programmierer abhängig. Er kann selbst Änderungen vornehmen.

7.1 Der Umwandlungsvorgang

Benutzt man die ETn als eine weiterentwickelte höhere Programmiersprache, so benötigt man wie bei jeder Programmiersprache einen Übersetzer, der diese Programmiersprache in eine vom Computer verstandene Sprache überträgt. Dies kann auf verschiedene Weise geschehen. Man kann die einzelnen Regeln einer ET mit Hilfe eines Programms interpretieren und verarbeiten (INTERPRETER) [50], oder die ETn direkt in Maschinensprache umsetzen lassen (COMPILER) [38], oder sie in eine höhere Programmiersprache (COBOL, FORTRAN, PL/I) umwandeln (PRECOMPILER), für die wiederum ein Übersetzer vorhanden ist. Der Umwandlungsvorgang ist in der Abb. 7.1 dargestellt.

Ersetzt man in der oberen Zeile der Abb. 7.1 das Wort „Programm" durch „Entscheidungstabellen", so entspricht diese Zeile der Arbeitsweise mit ETn, wenn man keinen Computer zu Hilfe nimmt. Zu eingegebenen Bedingungskombinationen (Daten) werden anhand der ETn (Programm) die Entscheidungen (Ergebnisse) getroffen. Wird dagegen ein Computer eingesetzt, dann muß aus

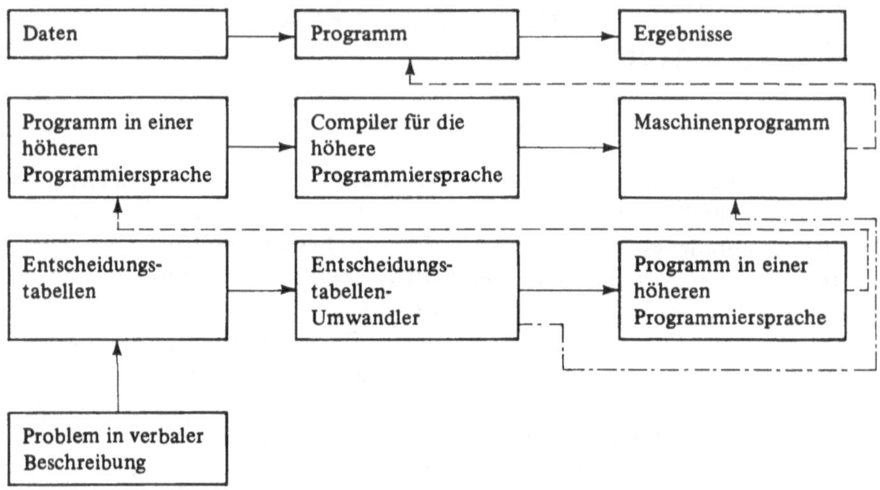

Abb. 7.1 Automatische Umwandlung von Entscheidungstabellen

den ETn auf die in Abb. 7.1 gezeigte Weise zunächst ein Programm erzeugt werden. Für den Anwender von ETn geschieht diese Umwandlung vollständig automatisch. Er stellt dem Computer seine ETn und seine Eingabedaten zur Verfügung und erhält die Ergebnisse.

Der *entscheidende Vorteil* gegenüber der manuellen Codierung liegt darin, daß das erzeugte Programm richtig ist, d. h. sind die ETn logisch einwandfrei, dann ist es das daraus erzeugte Programm ebenfalls. Es entfällt die Testzeit für das Programm selbst. Außerdem besitzt man in den ETn immer eine aktuelle, übersichtliche Dokumentation des Programms, denn bei Änderungen werden die ETn geändert und anschließend neu umgewandelt. Programm und Dokumentation sind immer gleich aktuell.

Dadurch wird die weitere Programmpflege erheblich erleichtert, denn die laufenden Änderungen, die sich problembezogen ergeben können, sind durch Hinzufügen weiterer Entscheidungsregeln an die ET leicht, schnell und übersichtlich vorzunehmen, dabei bleibt der durch die ET-Technik erzwungene modulare Aufbau eines Programmes vollständig erhalten.

Der Umwandler liest jede ET und übersetzt sie. Dabei prüft er die ET auf formale Richtigkeit (7.3.). Bei einem Fehler wird eine Fehlermeldung ausgedruckt und das erzeugte Programm nicht weiterverarbeitet. Neben formalen Fehlern, deren Korrektur der Benutzer anhand eines Protokolls seiner ETn vornehmen kann, können auch logische Fehler in begrenzten ETn durch Vollständigkeits-, Redundanz- und Widerspruchsprüfungen (3.1.) vom Umwandler gemeldet werden.

Bei erweiterten und gemischten ETn können diese Prüfungen erst zur Ausführungszeit des generierten Programms gemacht werden, (vgl. Masken-Methode 6.3.2.). Der Umfang und die Art der Prüfungen auf logische Fehler sind in den einzelnen Umwandlern sehr verschieden. Das hängt einmal davon ab, welche Konzeption der Abhängigkeit (schwache bzw. starke (3.1.)) der Hersteller vertritt und zum anderen, welchen Übersetzungsalgorithmus er für einen Umwandler verwendet. Die automatischen ETn-Umwandler arbeiten nach der Entscheidungsbaum-Methode (6.2.) oder der Masken-Methode (6.3.) oder einer Verbindung dieser beiden Methoden [23a]. Danach richtet sich auch der weitere Anwendungskomfort, den ein Umwandler bieten kann. Basiert der Umwandler z. B. auf der Masken-Methode, dann kann er einen Trace auf der Ebene der ETn zur Verfügung stellen, d. h. der Benutzer kann bei der Ausführung seines vom Umwandler erzeugten Programms erfahren, ob aufgrund der jeweiligen Eingabedaten oder errechneten Werte keine, genau eine oder mehrere Regeln einer ET in Betracht kommen.

7.2 Precompiler-Methode

Die zur Zeit fast ausschließlich angewandte Methode, ETn automatisch umzuwandeln, ist die Precompiler-Methode, d. h. die ETn in eine Zwischensprache wie COBOL, PL/I oder FORTRAN zu übersetzen [48, 51–55], die dann durch den entsprechenden Compiler weiter in Maschinensprache übersetzt wird.

Vorteile der Precompiler-Methode:

Zunächst einmal ist der Aufwand zur Erstellung eines Precompilers geringer als für einen Compiler. Es ist sogar möglich, den Precompiler selbst in einer höheren Programmiersprache zu schreiben und damit maschinenunabhängig zu werden [48]. Für den Benutzer bringt die Precompiler-Methode den Vorteil, daß er Teile seines Programms, die keine Verzweigungen enthalten, direkt in der erzeugten Zwischensprache (COBOL, PL/I, FORTRAN) schreiben kann und sie nicht künstlich in bedingungslosen ETn aufführen muß. Der Precompiler gibt die COBOL, PL/I- bzw. FORTRAN-Anweisungen unverändert an die Zwischensprache weiter und übersetzt nur die ETn.

Dadurch werden die Entscheidungstabellen auch für die Programmierer interessant, die die vom Precompiler erzeugte Zwischensprache beherrschen. Sie können wie bisher ihre Probleme in der höheren Programmiersprache programmieren, haben aber die Möglichkeit, für die Lösung von komplexen logischen Teilproblemen Entscheidungstabellen aufzustellen und sie in ihr Programm einzubauen. Dazu kann man entweder das gesamte Programm einschließlich der ETn dem Precompiler eingeben, oder man setzt nur die ETn durch den

Precompiler in die Zwischensprache um und läßt sich dieses Programm etwa als Kartendeck ausgeben, das man dann in das größere Rahmenprogramm einbauen kann. Eine andere Variante besteht darin, aus den ETn vorgefertigte Routinen aufzurufen, die dann an das erzeugte Programm der Zwischensprache montiert werden. Ein Teil der Möglichkeiten des Zusammensetzens von ETn und Rahmenprogramm, die die Precompiler-Methode erbringt, ist in Abb. 7.2 dargestellt.

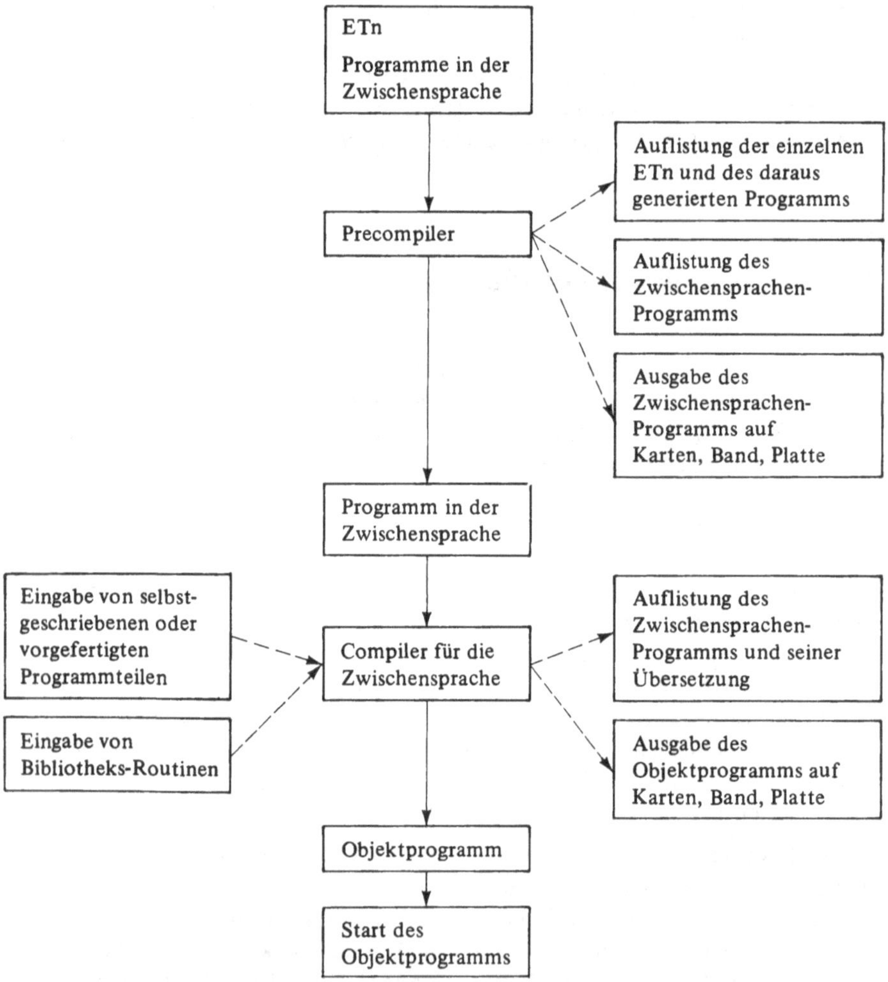

Abb. 7.2 Verarbeitungsmöglichkeiten mit der Precompiler-Methode (– – –→ d. h. wahlweise)

Nachteile der Precompiler-Methode:
Durch die zwei Phasen-Übersetzung

ETn ⟶ Zwischensprache ⟶ Maschinensprache

wächst die Übersetzungszeit an, die Laufzeit und der Speicherplatzbedarf des erzeugten Objektprogramms werden größer. Vergleicht man aber den zusätzlichen Übersetzungsaufwand mit dem der konventionellen Programmierung in einer höheren Programmiersprache, so kommt man zu folgendem Ergebnis: Durch die Redundanz- und Widerspruchsprüfungen, die man schon beim Erstellen der ETn vornehmen kann, und die ferner auch der Umwandler ausführt, werden logische Fehler wesentlich schneller gefunden als das bei der herkömmlichen Programmierung der Fall ist, so daß die zusätzlichen Umwandlungszeiten bei weitem durch die kürzeren Testzeiten eingeholt werden. Ferner entstehen durch die Möglichkeit, sich das ausgetestete Programm in der Zwischensprache oder in der Maschinensprache ausgeben zu lassen, in der späteren Anwendungsphase des Programms keine zusätzlichen Übersetzungszeiten.
Der Mehraufwand an Speicherplatz und Laufzeit des Objektprogramms hängt zunächst davon ab, nach welcher Methode der Precompiler arbeitet (Entscheidungsbaum- oder Masken-Methode). Bei beiden Methoden können durch das methodische Vorgehen der automatischen Übersetzung mehr Verzweigungsanweisungen der Zwischensprache erzeugt werden, als wenn man die ET manuell in der Zwischensprache programmiert, d. h. der Speicherplatz des Objektprogrammes wächst bei der automatischen Umwandlung an. Dagegen wird sich die Laufzeit des Objektprogramms, das durch einen nach der Entscheidungsbaum-Methode arbeitenden Precompiler generiert wurde, nicht wesentlich von der des manuell in der Zwischensprache erzeugten Programms unterscheiden, da zwar mehrmals dieselbe Verzweigungsanweisung auftreten kann, diese aber nur einmal durchlaufen wird.

Ein weiterer Nachteil der Precompiler-Methode besteht darin, daß zusätzlich zu dem Precompiler auch ein Compiler für die erzeugte Zwischensprache verfügbar sein muß. Außerdem beeinflußt die Auswahl der Zwischensprache die Elemente der ET, wie z. B. Variablennamenkonventionen, erlaubte Aktionen usw. (7.3.). Diese Fehler in ETn, die die Zwischensprache betreffen, werden erst zur Compilezeit gemeldet.

7.3 Die Programmiersprache „Entscheidungstabellen"

Um die ETn als erweiterte höhere Programmiersprache zu benutzen, muß man sie in einer formal strengeren Schreibweise abfassen. Dabei ändert sich aber an dem Grundaufbau nichts Wesentliches, insbesondere bleibt die übersichtliche und leicht lesbare Anordnung vollständig erhalten. Legt man z. B. als Eingabemedium die 80-spaltige Lochkarte zugrunde, so wird jede Bedingungs- oder

Aktionszeile auf eine Lochkarte übertragen, die eventuell Fortsetzungskarten besitzt, wenn die Bedingungs- oder Aktionszeile mehr als 80 Positionen einnimmt. In diesen Bedingungs- und Aktionskarten einer ET müssen bestimmte Kartenspalten vereinbart sein, die einmal Kennzeichen enthalten, die der ET eigen sind, wie z. B.: Tabellennummer, Beginn des Aktionsteils usw., zum anderen aber müssen dort auch Kennzeichen aufgeführt werden, die dem ET-Umwandler die Analyse der entsprechenden Bedingungs- oder Aktionskarte erleichtern. Diese Analyse besteht bei der fast ausschließlich angewandten Precompiler-Methode (7.2.) zunächst darin, festzustellen, ob es sich um eine Anweisung der Zwischensprache handelt, die ungeprüft vom Precompiler an die Zwischensprache weitergereicht wird, oder ob die Bedingungs- bzw. Aktionszeile in eine Anweisung der Zwischensprache umzuwandeln ist. Die Programmiersprache „Entscheidungstabellen" sollte nämlich immer die Zwischensprache nur durch diejenigen Elemente ergänzen, die für die ETn-Logik notwendig und nicht schon in der Zwischensprache enthalten sind. Dabei ist zu beachten, daß einmal ein Programmierer, der die Zwischensprache kennt, die zusätzlichen ETn-Sprachelemente leicht erlernen kann, zum anderen sollte aber auch der Benutzer, der nicht Programmierer ist, die spezifischen ETn-Sprachelemente schnell und leicht lernen können, und diese Sprachelemente sollten ausreichen, seine ETn automatisch umwandeln und auswerten zu lassen. Dieser letzte Punkt ist leider in den meisten der zur Zeit angebotenen Precompilern nicht verwirklicht. Der Benutzer muß auch bei der Verwendung von nur ETn-Sprachelementen dafür sorgen, daß z. B. bei COBOL als Zwischensprache, die IDENTIFICATION-, ENVIRONMENT- und DATA-DIVISIONS im ETn-Programm enthalten sind. Der Precompiler generiert diese Anweisungen nicht, so daß der Benutzer als Nicht-Programmierer weiterhin auf den Programmierer angewiesen ist, allerdings in einem wesentlich eingeschränkten Maße, denn den eigentlichen Prozedur-Teil kann er allein verwalten.

Für die spezifischen ETn-Sprachelemente der Programmiersprache „Entscheidungstabellen" hat sich noch keine Norm durchgesetzt, wie das etwa bei den höheren Programmiersprachen wie COBOL und FORTRAN der Fall ist. Hier sollen einige Sprachelemente aufgeführt werden, die vom Inhalt her bei den meisten Herstellern verwirklicht sind, sich aber in den Zeichen unterscheiden können, was auch von der benutzten Zwischensprache abhängig ist.

Bezeichnung	Bedeutung
Im Bedingungsteil	
IF A = B	„Wenn A gleich B". Dabei kann das „IF" auch weggelassen werden

Bezeichnung	Bedeutung
Operatoren im Bedingungsteil	
EQ bzw. =	gleich (equal)
NE	ungleich (not equal)
GT bzw. >	größer als (greater than)
LT bzw. <	kleiner als (less than)
GE bzw. >=	größer oder gleich
LE bzw. <=	kleiner oder gleich
Im Aktionsteil	
SET A = B	„Setze A gleich B". Der Wert von B wird A als Wert zugeordnet. Dabei kann das „SET" auch weggelassen werden.
MOVE A TO B	„Bringe A nach B". Der Wert von A wird B als Wert zugeordnet (Umkehrung von SET).
INCREMENT A BY B	„Erhöhe A um B". Der Wert von A wird um den Wert von B erhöht.
GO TO TABLE 5 bzw. GO TO T5	„GEHE NACH ET 5 bzw. ET T5" (2.4.).
DO TABLE 7 bzw. PERFORM T7	„Führe die geschlossene ET 7 bzw. ET T7 aus" (4.3.).
RETURN bzw. EXIT	„Zurückkehren". Steht am Ende einer geschlossenen ET (4.3.).
DO FORMULA 10 bzw. DO BLOCK 10	„Führe die Anweisungen der Formel 10 bzw. des Blockes 10 aus" (4.2.).
PRINT MESSAGE 50 bzw. DO ZEILE 50	„Drucke die Textzeile 50". Hierdurch wird eine Textzeile, die am Ende des Aktionsteils unter der Nummer 50 notiert ist, ausgedruckt.

Diese ETn-Sprachelemente kann man sehr variabel, sowohl in begrenzten als auch in erweiterten und gemischten ETn, verwenden, wie auch das Beispiel der folgenden ET 37 zeigt.

Anwendungsbeispiel von ETn-Sprachelementen		Regel 1	Regel 2	Regel 3
37	$A < B$	J	J	N
	$Z > F$	J	N	–
	SET X = A + B	X	X	X
	Y =	V + W	E – F	
	INCREMENT X BY X + Z		X	X
	INCREMENT A BY	– C	– B	B + C
	MOVE A + B TO F			X
	MOVE A + B – C TO	E	F	
	GO TO TABLE		3	4
	STOP	X		

Abb. 7.3

Die einzelnen Aktionen der ET 37 bewirken folgendes:

In der 1. Aktion werden in allen drei Regeln der Wert der Summe von A + B der Größe X als Wert zugeordnet. Man beachte, daß im Aktionsteil das Zeichen „X“ einen Variablennamen darstellt, während im Aktionsanzeigeteil „X“ das Symbol für das Auslösen der Aktion ist.

In der 2. Aktion wird der Größe Y, als Wert in der ersten Regel der Wert der Summe V + W und in der zweiten Regel der Wert der Differenz E – F zugeordnet. Ist die 3. Regel erfüllt, dann bleibt der Wert von Y unverändert.

In der 3. Aktion wird in der zweiten und dritten Regel der Wert von X um den Wert von X + Z erhöht.

In der 4. Aktion wird der Wert von A entweder um den Wert von C vermindert (Regel 1) oder um den Wert von B vermindert (Regel 2) oder um den Wert der Summe B + C erhöht (Regel 3).

In der 5. Aktion wird in der Regel 3 der Wert der Summe A + B der Größe F als Wert zugeordnet.

In der 6. Aktion wird zunächst der Wert von A + B – C ausgerechnet und dann als Wert der Größe E (Regel 1) oder der Größe F (Regel 2) zugeordnet.

Die letzten beiden Aktionen der ET 37 schließlich bedeuten, daß keine weiteren ETn angesprungen werden und der Durchlauf beendet ist (Regel 1), bzw. daß zur ET 3 (Regel 2) oder zur ET 4 (Regel 3) übergegangen wird.

Man sieht an diesem Beispiel schon, daß diese speziell für die automatische Umwandlung geschaffenen ETn-Sprachelemente auch für den Nicht-Programmierer leicht verständlich sind, so daß man sie auch, was teilweise schon geschieht, standardmäßig in ETn benutzt, bei denen zunächst noch nicht an eine Auswertung durch den Computer gedacht ist.

Zum Abschluß sei als Beispiel für die Form einer ET, wie sie von einem Precompiler [48] angenommen wird, die ET 5 (Abb. 5.11) aus 5.1 gewählt (Abb. 7.4). Es zeigt sich, daß abgesehen von ein paar Kennzeichen und den spezifischen ETn-Sprachelementen, keine wesentlichen Unterschiede zwischen den beiden Darstellungsformen bestehen, insbesondere ist die leichte Lesbarkeit und Übersichtlichkeit in der Form für den Computer vollständig erhalten geblieben.

```
    C  BERECHNUNG DES WEIHNACHTSGELDES

    C  ZEIT BEDEUTET BETRIEBSZUGEHOERIGKEIT IN JAHREN
    C  W    BEDEUTET WEIHNACHTSGELD IN DM
    C  P    BEDEUTET PROZENTSATZ
    C  V    BEDEUTET VARIABLER BETRAG IN DM
    C  Q    BEDEUTET KINDERZULAGE

5      ZEIT                    < 0.5  < 1   < 3   < 10  < 25   -
    A  W =                     0      50    200   350   450    500
       P =                                        0.15  0.25   0.3
       DO FORMULA 1                               X     X      X
       DO FORMULA 2                               X     X      X
       DO TABLE 6                                 X     X      X
       INCREMENT W BY V                           X     X      X
       RETURN                  X      X     X     X     X      X

    F  FORMULA 1    V = LOHN * P
    F  FORMULA 2    Q = 0.02 * KINDER
```

Abb. 7.4 Entscheidungstabelle in der Form für den Precompiler (C, A und F sind Kennzeichen für Kommentar, Beginn des Aktionsteils und Formel)

Begriffslexikon

„links vor rechts"-Abarbeitungsvorschrift:	Sie besagt, daß die Regeln einer ET sequentiell von links nach rechts abgeprüft werden. Sind die Bedingungen einer Regel erfüllt, werden die übrigen Regeln nicht weiter abgeprüft.
Ablauftabellen:	ET mit internen Ansprüngen.
Aktionsanzeiger:	Gibt bei einer begrenzten ET im Aktionsanzeigeteil an, ob die in derselben Zeile stehende Aktion des Aktionsteils ausgelöst („X") oder nicht ausgelöst („–" oder Leerstelle) werden soll. Bei einer erweiterten ET bildet der Aktionsanzeiger zusammen mit dem in derselben Zeile stehenden Begriff des Aktionsteils die Aktion, die ausgelöst werden soll. Ist der Aktionsanzeiger leer, wird bei erweiterten ETn die entsprechende Aktion nicht ausgelöst.
Aktionsanzeigeteil: (action entry)	Rechtes unteres Feld einer Entscheidungstabelle. Es enthält die Aktionsanzeiger.
Aktionsteil: (action stub)	Linkes unteres Feld einer Entscheidungstabelle. Es enthält in einer begrenzten ET die Liste der Aktionen, die ausgelöst werden können. In erweiterten ETn stehen die Aktionen im Aktionsteil *und* im Aktionsanzeigeteil.
Automatische Umwandlung einer ET:	Eine in einer Entscheidungstabellensprache geschriebene ET wird vom Computer in eine höhere Programmiersprache (COBOL, FORTRAN, PL/I) oder in eine Maschinensprache umgewandelt.
Bedingungsanzeiger:	Gibt in einer begrenzten ET im Bedingungsanzeigeteil an, ob für die entsprechende Regel die in derselben Zeile stehende Bedingung des Bedingungsteils erfüllt sein muß („J"), nicht erfüllt sein darf („N") oder keine Rolle spielt („–" oder Leerstelle). Bei einer erweiterten ET bildet der Bedingungsanzeiger zusammen mit dem in derselben Zeile stehenden Begriff des Bedingungsteils die Bedingung, die für die entsprechende Regel erfüllt sein muß. Ist der Bedingungsanzeiger der Regel einer erweiterten ET leer, spielt die entsprechende Bedingung für die Regel keine Rolle.

Bedingungsanzeigeteil: (condition entry) Rechtes oberes Feld einer Entscheidungstabelle. Es enthält die Bedingungsanzeiger.

Bedingungslose Entscheidungstabelle: Eine Entscheidungstabelle, die keinen Bedingungsteil enthält und unmittelbar mit dem Aktionsteil beginnt. Sie besitzt nur eine Regel und alle angegebenen Aktionen werden ausgelöst.

Bedingungsteil: (condition stub) Linkes oberes Feld einer Entscheidungstabelle. Es enthält bei einer begrenzten ET die Liste der Bedingungen, die auf Erfülltsein oder Nichterfülltsein abgefragt werden können. In erweiterten ETn stehen die Bedingungen im Bedingungsteil *und* im Bedingungsanzeigeteil.

Begrenzte Entscheidungstabelle: (limited entry decision table) Eine ET, in der die Bedingungen und Aktionen vollständig in dem linken Tabellenteil (Bedingungs- bzw. Aktionsteil) beschrieben sind, während im Bedingungs- bzw. Aktionsanzeigeteil nur die Symbole J, N, – oder keine Eintragung bzw. X, – oder keine Eintragung auftreten.

Disjunktion: Verknüpfung von zwei Aussagen durch „oder". Zeichen: **v**. Die Disjunktion zweier Aussagen ist genau dann wahr, wenn eine der beiden Aussagen oder beide Aussagen wahr sind.

Einfache (Entscheidungs-) Regel: (simple decision rule) Eine Entscheidungsregel, deren Bedingungsanzeiger keine „–" oder Leerstellen sind.

Eingebbare Bedingungskombination: Eine logisch sinnvolle Kombination der Bedingungen einer ET, für die festgestellt werden soll, welche Regeln der ET sie erfüllt.

ELSE-Regel: (ELSE-rule) Eine Entscheidungsregel, deren Bedingungsanzeiger nur „–" oder Leerstellen sind. Sie kann durch ein „E" als Bedingungsanzeiger der ersten Bedingung gekennzeichnet werden. Die Aktionen der ELSE-Regel werden dann ausgelöst, wenn keine der links stehenden Regeln zutrifft.

Entscheidungsregel: (decision rule) Ist die genaue Festlegung, *welche* Bedingungen erfüllt sein müssen und *welche* Aktionen dann ausgelöst werden. („Wenn-Dann"-Beziehung).

Entscheidungstabelle (ET): (decision table)	Übersichtliche Zusammenfassung von Entscheidungsregeln zu einer Tabelle, die zum Teil dieselben Bedingungen und Aktionen enthalten. Die Tabelle besteht aus vier Feldern: Bedingungsteil, Bedingungsanzeigeteil, Aktionsteil, Aktionsanzeigeteil. Der linke Teil der Tabelle enthält die Bedingungen und Aktionen, der rechte Teil ist in senkrechte Spalten eingeteilt, die sogenannten Regeln, die den Entscheidungsregeln entsprechen.
Entscheidungstabellensprache: (decision table language)	Formal strenge Schreibweise der ETn in festgelegten Sprachelementen der ETn-Logik und einer höheren Programmiersprache, um die ETn selbst als Programmiersprache zu benutzen.
Entscheidungstabellen-Umwandler: (decision table translator)	Wandelt ETn automatisch in ein Computerprogramm um. Werden die ETn direkt in Maschinensprache übersetzt, spricht man von einem Übersetzer (Compiler), bei der Umwandlung in eine höhere Programmiersprache von einem Vorübersetzer (Precompiler).
Erweiterte Entscheidungstabelle: (extended entry decision table)	Eine ET, in der Teile der Bedingungen oder Aktionen im Bedingungs- bzw. Aktionsanzeigeteil stehen.
Fehlerausgang: (fall-out-of-table)	Tritt bei der Programmierung einer ET auf, wenn eine Bedingungskombination nicht durch den Bedingungsanzeigeteil der Regeln abgedeckt wird.
Gemischte Entscheidungstabelle: (mixed entry decision table)	Eine ET, in der die Bedingungen oder Aktionen zum Teil vollständig im Bedingungs- bzw. Aktionsteil beschrieben sind, zum Teil aber auch Teile der Bedingungen oder Aktionen im Bedingungs- bzw. Aktionsanzeigeteil stehen. Diese ET ist eine Kombination von begrenzter und erweiterter ET.
Geschlossene Entscheidungstabelle: (closed decision table)	Eine ET, bei der als letzte Aktion jeder Regel nicht mehr eindeutig angegeben ist, welche ET als nächste durchlaufen wird, sondern die letzte Aktion heißt „zurückkehren" (RETURN). Eine geschlossene ET kann von jeder anderen aufgerufen werden. Nach dem Durchlaufen einer geschlossenen ET geht der logische Ablauf bei der nächstfolgenden Aktion der rufenden ET weiter.

Interner Ansprung:	Sprung aus dem Aktionsteil einer ET in den Bedingungsteil derselben ET.
Komplexe (Entscheidungs-) Regel: (complex decision rule)	Eine Entscheidungsregel, deren Bedingungsanzeigeteil „–" oder Leerstellen enthält.
Konjunktion:	Verknüpfung zweier Aussagen durch „und". Zeichen: $\wedge$. Die Konjunktion zweier Aussagen ist dann und nur dann wahr, wenn die beiden Aussagen wahr sind.
Negation:	Verneinung einer Aussage. Zeichen: $\neg$. Die Negation einer Aussage ist wahr, wenn die Aussage falsch ist, und falsch, wenn die Aussage wahr ist.
Oder-Regel: (or rule)	Eine Regel einer ET, in der die Und-Verknüpfungen der Bedingungen durch eine oder mehrere Oder-Verknüpfungen unterbrochen werden.
Offene Entscheidungstabelle: (open decision table)	Im Gegensatz zur geschlossenen ET.
Regel: (rule)	Eine senkrechte Spalte in dem rechten Teil einer Entscheidungstabelle, die einer Entscheidungsregel entspricht. Die Bedingungen bzw. die Aktionen einer Regel sind durch die Und-Verknüpfungen miteinander verbunden (Wenn Bedingung 1 *und* Bedingung 2 *und* . . ., dann Aktion 1 *und* Aktion 2 *und* . . .).
„Schwache" Abhängigkeit	Eine ET heißt „schwach" abhängig, wenn sie eine Regel enthält, deren Bedingungskombinationen bereits in weiter links stehenden Regeln enthalten sind.
„Starke" Abhängigkeit	Eine ET heißt „stark" abhängig, wenn eine Bedingungskombination existiert, die durch die Bedingungen von zwei verschiedenen Regeln der ET abgedeckt werden.
Vollständige Entscheidungstabelle: (complete decision table)	Eine ET ist vollständig, wenn alle eingebbaren Bedingungskombinationen durch die angegebenen Regeln der ET abgedeckt werden.

Literaturverzeichnis

1. Bücher

1.1 Logische Operatoren

[1] Fischer Lexikon: Mathematik 1. 1964.

[2] *Hilbert, D.* u. *W. Ackermann:* Grundzüge der theoretischen Logik. Berlin, Göttingen, Heidelberg 1959.

1.2 Entscheidungstabellentechnik

[3] *McDaniel, H.:* An introduction to decision tables. New York 1968.

[4] –: Decision table software. A handbook. New York 1970.

[5] –: Application of decision tables. New York 1970.

[6] *Pollack, S. L., H. Hicks* and *W. J. Harrison:* Decision tables: theory and practice. New York 1971.

1.3 Programmierung

[7] *Spiess, W. E./Rheingans, F.:* Einführung in das Programmieren in FORTRAN. 3. Aufl. Berlin, New York 1972.

[8] *Hambeck, K.:* Einführung in das Programmieren in COBOL. Berlin, New York 1973.

2. Zeitschriftenaufsätze

2.1 Einführende Literatur

[9] *Chesebrough, W. C.:* Decision tables as a systems technique. In Computers and Automation 19 (1970), 30–33.

[9a] *Erbach, K. F.:* Entscheidungstabellen-Theorie und Praxis. In: Computer-Praxis 12/1972, 353–361.

[9b] *Greve, R. H.:* Entscheidungstabellen als systematisches Hilfsmittel in der ADV. In: Bürotechnik 1/73, 22–26.

[10] *Sauer, Sigvart:* Entscheidungstabellen in Theorie und Praxis. In: ZfD 2/1972, 99–105.

[11] *Strunz, H.:* Entscheidungstabellen und ihre Anwendung bei Systemplanung, -implementierung und -dokumentation. In: Elektronische Datenverarbeitung 2/1970, 56–65.

2.2 Eindeutigkeit und Abhängigkeit

[12] *King, P. J. H.:* Ambiguity in limited entry decision tables. In: Comm. ACM 11, 10 (Oct. 1968), 680–684.

[13] *Pollack, S. L.:* Comment on the conversion of decision tables to computer programs (bezieht sich auf [27]). In: Comm. ACM 11, 1 (Jan. 1971), 52; siehe auch [27]

2.3 Ausbau der Entscheidungstabellentechnik

[14] *Beister, H.:* Ablauftabellen als Mittel der Dokumentation zwischen Ablaufdiagramm und Entscheidungstabelle. In: Elektronische Datenverarbeitung 6/1970, 283–286.

[15] *Chapin, N.:* Parsing of decision tables. In: Comm. ACM 10, 8, (1967), 507–510, 512

[16] *Grundley, C. B. B.:* The use of decision tables within systematics. Computer Journal 11 (1968), 128–133.

[16a] *Marklof, E.* und *Sterzinger, U.:* Die Entscheidungstabelle in neuer Perspektive. In: Angewandte Informatik 10/72, 480–482.

[17] *Schifferer, O.:* Ablauftabelle versus Entscheidungstabelle als Hilfsmittel der Dokumentation. In: Angewandte Informatik 10/1970, 455–460.

[18] *Strunz, H.:* Eine Methode zur Zergliederung von Entscheidungstabellen. In: Angewandte Informatik 3/71, 117–122.

[18a] *Beigang, O.:* Entscheidungstabellen-Vorzüge und Anwendungsgrenzen bei der Programmgestaltung. In: bürotechnik 1/73, 37–41.

2.4 Anwendungsmöglichkeiten

[19] *Cuvellette, J. N.:* Application des tables de décision à l'automatisation des études de production et des planings de fabrication. In: Automatisme (Paris), Bd. 11, Nr. 10, 1966, 552–559.

[19a] *Elsholz, G.:* Dateisteuerung, Entscheidungstabellen und Dokumentation im Verbund. In: bürotechnik 1/73, 42–46.

[20] *Fisher, D. L.:* Data, Documentation and Decision Tables. In: Comm. ACM 9, 1 (Jan. 1966, 26–30.

[21] *Gold, V.* and *C. Bismuth:* Les tables de décision appliquées à la paye. In: Automatisme (Paris), Bd. 11, Nr. 10, 1966, 560–565.

[22] *Nickerson, R. C.:* An engineering application of logic-structure tables. In: Comm. ACM 4, 11 (Nov. 1961), 516–520.

[23] *Wendelin/Zankl:* Datenverknüpfung im Prozeßrechner mit Hilfe von Entscheidungstafeln. In: Angewandte Informatik 11/71, 493–499.

[23a] *Dathe, G.:* Conversion of decision tables by rule mask method without rule mask. In: Comm. ACM 15, 10 (Oct. 1972), 906–909.

2.5 Manuelle Übersetzung

[24] *Dial, R. B.:* Decision table translation, Algorithm 394. In: Comm. ACM 13, 9, (Sept. 1970), 571–572.

[25] *King, P. J. H.:* Conversion of decision tables to computer programs by rule mask techniques. In: Comm. ACM 9, 11 (Nov. 1966), 796–801.

[26] *Kirk, H. W.:* Use of decision tables in computer programming. In: Comm. ACM 8, 1 (Jan. 1965), 41–43.

[27] *Muthukrishnan/Rajaraman:* On the conversion of decision tables to computer programs. In: Comm. ACM 13, 6 (June 1970), 347–351.

[28] *Peel, R.:* Decision table translation. In: Computer Bull. 13 (1969), 419–421.

[29] *Pollack, S. L.:* Conversion of limited entry decision tables to computer programs. In: Comm. ACM 8, 11 (Nov. 1965), 677–682.

[30] *Press, L. I.:* Conversion of decision tables to computer programs. In: Comm. ACM 8, 6 (June 1965), 385–390.

[31] *Reinwald, L. T.* and *R. M. Soland:* Conversion of limited entry decision tables to optimal computer programs I: minimum average processing time. In: Journal ACM 13, 3 (July 1966), 339–358.

[32] –: Conversion of limited entry decision tables to optimal computer programs II: minimum storage requirement. In: Journal ACM 14, 4 (Oct. 1967), 742–756.

[33] *Shwayder, K.:* Conversion of limited entry decision tables to computer programs – A proposed modification to Pollack's algortihm. In: Comm. ACM 14, 2 (Feb. 1971), 69–73.

[34] *Sprague, V. G.:* On storage space of decision tables (letter to the editor). In: Comm. ACM 9, 5 (May 1966), 319.

[35] *Veinott, C. G.:* Programming decision tables in FORTRAN, COBOL or ALGOL. In: Comm. ACM 9, 1 (Jan. 1966), 31–35.

[36] *Veinott, C. G.:* More on programming decision tables (letter to the editor). In: Comm. ACM 9, 7 (July 1966), 485

[36a] *Verhelst, M.:* The conversion of limited-entry decision tables to optimal and near-optimal flowcharts: Two new algorithms. In: Comm. ACM 15, 11 (Nov. 1972), 974–980.

2.6 Automatische Umwandlung

[37] *Callahan/Chapman:* Description of basic algorithm in DETAB/65 preprocessor. In: Comm. ACM 10, 7 (July 1967), 441–446.

[37a] *Hoffmann, K.:* Automatische Umwandler für Entscheidungstabellen. In: bürotechnik 1/73, 27–36.

[38] *Katz, C.:* GEOCOM: The general compiler. In: Symbolic languages in data processing New York 1962.

3. Firmenbroschüren und Sonstiges

3.1 Einführende Literatur

[39] *Baun, W.:* Entscheidungstabellen – Eine Methode zur Analyse und Programmierung von systematischen Abläufen. IBM Form 81–570.

[40] *Elben/Schörnig:* Entscheidungstabellen, eine wirksame und leicht erlernbare Programmiersprache. Datenverarbeitung AEG–Telefunken 4/1971.

[41] *Honeywell Bull:* An introduction to decision tables. A programmed text. Second printing, July 1970.

[42] *Montabano, M. S.:* Tables, flowcharts, and program logic. In: IBM Nachrichten 19. Jg. (Sept. 1962), 51–63.

3.2 Anwendungsmöglichkeiten

[43] *IBM:* The survey and implementation of an automated design engineering system IBM Form C 20–8153

[44] *IBM:* Automated manufacturing planning. IBM Form E 20–0146.

[45] *Reinisch, H.* und *A. Schwaiger:* Automatisierte Arbeitsplanerstellung mit Entscheidungstabellen. In: IBM-Nachrichten, Band 21, 208, 1971, 926–930.

[46] *Veismann/Pertiller/Mathies:* Technische Angebots- und Auftragsbearbeitung in der Variantenfertigung (ADE) mit Entscheidungstabellen. IBM Nachrichten 19. Jg. (1969) Heft 195 (Juni), 693–700.

[47] *Zobel, H.* und *H. Krömer:* Entscheidungstabellen zur automatischen Erstellung von Fertigungsaufträgen in Verbindung mit dem Terminierungsprogramm CLASS. In: IBM-Nachrichten, Band 20, Nr. 201, 1970, 239–246.

3.3 Entscheidungstabellen-Umwandler

[48] *AEG-Telefunken:* Benutzeranleitung für den Entscheidungstabellen-Umwandler ETU. Februar 1972.

[49] *Armerding, G. W.:* FORTAB: A decision table language for scientific computing applications. RAND corporation RM-3306-PR. Sept. 1962.

[50] *Honeywell Bull:* TABSOL Reference Manual GECOM II. In: GE 200 Series, 175–192.

[51] –: Entscheidungstabellen-Vorübersetzer DETABI.

[52] *IBM System/360:* Entscheidungstabellenumwandler. Anwendungsbeschreibung. IBM Form 79–974.

[53] –: Entscheidungstabellenumwandler. Programmbeschreibung. IBM Form 79–975.

[54] *IBM System/360* and *System 370:* Decision table translator (DECTAT) for COBOL and PL/I. Application description manual. Program No. (5734-XR2).

[55] *Siemens System 4004:* FORTET : FORTRAN-orientierter-Entscheidungstabellen-Vorübersetzer. Beschreibung Jan. 1972.

Register

Abhängigkeit der Bedingungen 23, 38, 60, 66
– der Regeln 53
– „schwache“ 57, 59, 102, 117
– „starke“ 53, 59, 101, 117
– Nachteile der „schwachen“ 59
– Vorteile der „schwachen“ 59
– Nachteile der „starken“ 56
– Vorteile der „starken“ 56
Ablauftabelle 76
Aktion 10, 17, 18, 24
– ausgelöste 19
Aktionen
– Folge von 72
– ohne Aktionsanzeigeteil 73
– Reihenfolge der 21
Aktionsanzeiger 24
Aktionsanzeigeteil 24
Aktionsteil 24
Aufruf einer geschlossenen ET 74
Ansprungnummer 77, 78
Anweisung undefinierte 93
Anweisungsnummer 114, 117
Aufspalten einer ET in Teiltabellen 95, 96, 100
Aussage 14
Aussagenlogik 14
Aussagenverknüpfung 14, 16

Bedingung 10, 17, 18, 24, 30
– erfüllte 19
– Wert der 118
Bedingungen
– Reihenfolge der 97
Bedingungsanzeiger 24
Bedingungsanzeigeteil 24
Bedingungskombinationen
– durch eine Regel abgedeckte 47, 48
– eingebbare 22, 64
– mögliche 32, 33
Bedingungsteil 24
Binäre Matrix 107
– Auswahl der Zeilen 108
Block-Anweisung 73

COBOL 91, 123, 126
– Programmteile 92, 114, 116
Compiler 121

Datenmatrix 111
Datenvektor 106, 108
Diagonalform 78
Disjunktion 15
Disjunktive Normalform 17
Dokumentation 88
Dualzahl 113

Eingabeparameter 22
ELSE-Regel 46, 50, 54
Entscheidungen 10
Entscheidungsbaum 95
Entscheidungsprozeß 22
Entscheidungsregel 17
– als Aussagenverknüpfung 19
– Disjunktion in einer 69
Entscheidungstabelle 20
– als Aussagenverknüpfung 21
– bedingungslose 29
– begrenzte 25
– Eindeutigkeit in einer 53
– erweiterte 26
– Form für den Precompiler 129
– gemischte 27
– geschlossene 74
– Methoden zum Aufstellen einer 31
– offene 74
Entscheidungstabellen
– als Programmiersprache 125
– Anwendungsbeispiele von 79
– Einbau in ein Programm 123, 124
– Einsatzmöglichkeiten von 89
– Programmierung von 91
– Sprachelemente 126, 127
– Umwandlung in ein Computerprogramm 91
– Verknüpfung von 51
Entscheidungstabellen-Umwandler 121
ET ——► Entscheidungstabelle

Fehlerausgang 93, 95, 117
Flußdiagramm 10, 11, 12, 91
Formel-Anweisung 73
FORTRAN 91, 123, 126
– Programmteile 73, 92, 93, 114, 116, 119

Interner Ansprung 77
Interpreter 121
Intervallschranken 83

Klammerung 16
Knoten 95
Konjunktion 15
Konsolidierung 34, 43

Laufzeit 91, 94, 98, 106, 112
Leerstelle 20, 25, 26, 34, 47
Links vor rechts – Abarbeitungsvorschrift 24, 39, 55, 59
Lochkarte 126
Logische Operatoren 14
Logische Struktur 61

Masken-Methode 106
– Nachteile der 110
– Vorteile der 110
Maßnahme .... ——► Aktions ......
Matrizen Disjunktion von 111
Matrix 107, 108, 111
Mengenbild 62
Negation 16

Objektprogramm 124
– Laufzeit des 110, 125
– Speicherplatzbedarf des 125
Oder-Regel 70
Oder-Strich 69
Oder-Verknüpfung 15

PL/I 123
Platznummer 113, 118
– berechnen 114, 115
Prädikat 61
Prädikatenkalkül 61
Precompiler 121, 123, 129
– Kennzeichen für den 126, 129
Precompiler-Methode
– Möglichkeiten der 124
– Nachteile der 125
– Vorteile der 123
Programmiersprachen 9, 91
Programmschalter 93
Programmvorgabe 13, 91
Prozedurname 115, 117

Redundanz 44, 60
Redundanzprüfung 122

Regel 20, 21
– einfache 22
– komplexe 22, 26, 47, 48
Regeln
– Anzahl der 32, 33
– Reihenfolge der 24
– Vertauschbarkeit der 36, 55
Regelnummer 21, 97, 102, 103
Rücksprung 52, 73

Sortierkriterium 98, 106
Speicherplatzverbrauch 91, 94, 98
Sprungleiste 114
– Verkürzung der 115, 116
Subjektbereich 61
Subjektvariable 61
Symbole der Mengenlehre 65
Symbole für Vergleichsoperatoren 79
– in den Regeln 20, 21

Tabellenname 24, 51
Tabellennummer 24, 51
Teiltabelle 95, 105
Testzeit 122, 125
Trace 123

Übersetzung
– automatische 121
– manuelle 91
– Regel für Regel 92
Übersetzungsalgorithmus 123
Übersetzungszeit 110, 125
Umwandlung
– begrenzte ET in erweiterte 26, 44
– erweiterte ET in begrenzte 28, 44
– automatische 121
– komplexe Regel in einfache 25, 47
Umwandlungsvorgang 121
Unabhängigkeit
– „schwache" 53, 57, 59
– „starke" 53, 55, 59
Und-Verknüpfung 15
Unterprogrammtechnik 73, 74

Veinott-Methode 112
Venn-Diagramm 62
Verbale Beschreibung 10, 14, 30
Verschlüsselung
– der eingegebenen Bedingungskombination 108
– des Bedingungsanzeigeteils 107, 111

Verzweigung 95, 98
Verzweigungsanweisung 95
Vollständigkeit 46
Vollständigkeitsprüfung 95, 109, 122

Wahrheitssymbole 15
Wahrheitstafel 15, 16, 61
Wahrheitswert 14, 22
„Wenn-Dann"-Beziehung 10, 11, 12

Widerspruch 44, 60
Widerspruchsprüfung 122

Zeilenvektor 108, 111
Zusammenfassen von Regeln → Konsolidierung
Zustand 25, 26, 27, 49
– Wert des 114, 119
Zwischensprache 123, 126

GES-SEMINARE FÜR ANGEWANDTE INFORMATIK

Die GES – Gesellschaft für elektronische Systemforschung ist eine gemeinnützige Vereinigung, die neben der Forschung auf dem Gebiet der elektronischen Datenverarbeitung das Ziel verfolgt, das starke Informationsbedürfnis auf diesem Fachgebiet zu befriedigen. Dies versucht sie in Form von Publikationen und Seminaren zu verwirklichen, wobei nicht die Unterrichtung fundamentaler EDV-Kenntnisse, sondern eine gehobene Wissensvermittlung im Vordergrund steht.

Für die Durchführung der Seminare stehen der GES eine Reihe von hochqualifizierten Referenten aus Wissenschaft und Praxis zur Verfügung. Neben aktiven Lehrmethoden wie dynamischer Gruppenarbeit, Diskussionen von Fallbeispielen aus der Praxis, Planspielen und Intensivtrainings durch systematisch aufeinander abgestimmte Kurzvorträge steht der Erfahrungsaustausch im Vordergrund der Seminararbeit.

Angesprochen werden in erster Linie all diejenigen, die sich mit angewandter Informatik befassen und sich über die neuesten Methoden und Techniken informieren möchten.

Schwerpunkt des Seminarprogramms liegt u.a. auf folgenden Themen:

Programmiertechnik
Datenbanken und Informationssysteme
Datenorganisation
Basissoftware
Simulationstechnik
Materialmanagement
Operations Research

Wollen Sie sich näher informieren?
Wir senden Ihnen gerne das detaillierte Seminarprogramm zu.

GES – Gesellschaft für
elektronische Systemforschung e.V.
D-7580 Bühl
Lassallestraße 3

Walter de Gruyter Berlin · New York

Wetzel/Skarabis/ Naeve/Büning — **Mathematische Propädeutik für Wirtschaftswissenschaftler**
2., völlig neu bearbeitete und erweiterte Auflage. Groß-Oktav. 212 Seiten. 1972. Plastik flexibel DM 18,–
ISBN 3 11 004259 2 (de Gruyter Lehrbuch)

Kemeny/Schleifer/ Snell/Thompson — **Mathematik für die Wirtschaftspraxis**
2., verbesserte Auflage. Groß-Oktav. XV, 492 Seiten. 1972. Gebunden DM 48,–
ISBN 3 11 002047 5

Marcel Nicolas — **Finanzmathematik**
2., verbesserte Auflage. Klein-Oktav. 192 Seiten. Mit 11 Tafeln, 8 Tabellen und 72 Beispielen. 1967. Kartoniert DM 7,80
ISBN 3 11 006267 2
(Sammlung Göschen Band 1183/1183a)

Ewald Burger — **Einführung in die Theorie der Spiele**
Mit Anwendungsbeispielen, insbesondere aus Wirtschaftslehre und Soziologie
2., durchgesehene Auflage. Groß-Oktav. 169 Seiten. 1966. Ganzleinen DM 28,–
ISBN 3 11 000866 1

Eckhard Müller — **Simultane Lagerdisposition und Fertigungsablaufplanung bei mehrstufiger Mehrproduktfertigung**
Groß-Oktav. 128 Seiten. Zahlreiche Abbildungen, 6 Tabellen. 1972. Gebunden DM 56,–
ISBN 3 11 003926 5
(Operations Research. Hrsg. H.-J. Zimmermann)

Günter Neuvians — **Dynamische Bestands- und Produktionsplanung bei einstufiger Fertigung**
Groß-Oktav. 123 Seiten. 1971. Gebunden DM 44,–
ISBN 3 11 003731 9
(Operations Research. Hrsg. H.-J. Zimmermann)

W DE G

Walter de Gruyter
Berlin · New York

Gerhard Niemeyer — **Investitionsentscheidungen mit Hilfe der elektronischen Datenverarbeitung**
Groß-Oktav. 278 Seiten. Mit 27 Abbildungen und 23 Tabellen. 1970. Gebunden DM 68,–
ISBN 3 11 002812 3
(Kommerzielle Datenverarbeitung. Hrsg. A. Schulz)

H.-J. Zimmermann, J. Zielinski — **Lineare Programmierung**
Ein programmiertes Lehrbuch
Basistext: Sebastian Dworatschek. Programmierung: Wilhelm Keller.
Groß-Oktav. 222 Seiten. Arbeitsmittel: Anleitungs- und Übungsblätter zum Lernprogramm Lineare Programmierung von Hans-Jürgen Zimmermann und Johannes Zielinski. S. 224–365 (in Rückentasche). 1971. Plastik flexibel DM 28,–
ISBN 3 11 001992 2
(de Gruyter Lehrbuch – programmiert)

Hans-Jürgen Zimmermann — **Netzplantechnik**
Klein-Oktav. 156 Seiten. Mit 83 Abbildungen und einer Ausschlagtafel. 1971. Kartoniert DM 7,80
ISBN 3 11 001951 5 (Sammlung Göschen Band 4011)

Hubert Völzgen — **Stochastische Netzwerkverfahren und deren Anwendungen**
Groß-Oktav. 105 Seiten. Mit 63 Abbildungen. 1971. Gebunden DM 32,– ISBN 3 11 003560 X
(Operations Research. Hrsg. H.-J. Zimmermann)

Rainer Hahn — **Produktionsplanung bei Linienfertigung**
Groß-Oktav. 194 Seiten. Mit 55 Bildern u. 19 Tabellen. Gebunden DM 58,–
ISBN 3 11 003840 4
(Operations Research. Hrsg. H.-J. Zimmermann)

Heiner Fränkel — **Diskrete optimale Steuerungsprobleme und konvexe Optimierung**
Groß-Oktav. 102 Seiten. Mit 11 Abbildungen. 1971. Gebunden DM 28,– ISBN 3 11 003575 8
(Operations Research. Hrsg. H.-J. Zimmermann)

FSC
www.fsc.org
MIX
Papier | Fördert gute Waldnutzung
FSC® C083411

Zeitfracht Medien GmbH
Ferdinand-Jühlke-Straße 7
99095 Erfurt, Deutschland
produktsicherheit@kolibri360.de